大众
力学
丛书

玩具和魔术中的力学

王　永
编著　金肖玲
　　　庄表中

U0158486

高等教育出版社·北京

科学除了推动社会生产发展外，最重要的社会功能就是破除迷信、战胜愚昧、拓宽人类的视野。随着我国国民经济日新月异的发展，广大人民群众渴望掌握科学知识的热情不断高涨，所以，普及科学知识，传播科学思想，倡导科学方法，弘扬科学精神，提高国民科学素质一直是科学工作者和教育工作者长期的任务。

科学不是少数人的事业，科学必须是广大人民参与的事业。而唤起广大人民的科学意识的主要手段，除了普及义务教育之外就是加强科学普及。力学是自然科学中最重要的一个基础学科，也是与工程建设联系最密切的一个学科。力学知识的普及在各种科学知识的普及中起着最为基础的作用。人们只有对力学有一定程度的理解，才能够深入理解其他门类的科学知识。我国近代力学事业的奠基人周培源、钱学森、钱伟长、郭永怀先生和其他前辈力学家非常重视力学科普工作，并且身体力行，有过不少著述，但是，近年来，与其他兄弟学科（如数学、物理学等）相比，无论从力量投入还是从科普著述的产出看来，力学科普工作显得相对落后，国内广大群众对力学的内涵及在国民经济发展中的重大作用缺乏深度的了解。有鉴于此，中国力学学会决心采取各种措施，大力推进力学科普工作。除了继续办好现有的力学科普夏令营、周培源力学竞赛等活动以外，还将举办力学科普工作大会，并推出力学科普丛书。2007年，中国力学学会常务理事会决定组成《大众力学丛书》编辑委员会，计划集中出版一批有关力学的科普著作，把它们集结为《大众力学丛书》，希望在我国科普事业的大军中团结国内力学界人士做出更有效的贡献。

这套丛书的作者是一批颇有学术造诣的

资深力学家和相关领域的专家学者。丛书的内容将涵盖力学学科中的所有二级学科：动力学与控制、固体力学、流体力学、工程力学以及交叉性边缘学科。所涉及的力学应用范围将包括：航空、航天、航运、海洋工程、水利工程、石油工程、机械工程、土木工程、化学工程、交通运输工程、生物医药工程、体育工程等等。大到宇宙、星系，小到细胞、粒子，远至古代文物，近至家长里短，深奥到卫星原理和星系演化，优雅到诗画欣赏，只要其中涉及力学，就会有相应的话题。本丛书将以图文并茂的版面形式，生动鲜明的叙述方式，深入浅出、引人入胜地把艰深的力学原理和内在规律介绍给最广大范围的普通读者。这套丛书的主要读者对象是大学生和中学生以及有中学以上文化程度的各个领域的人士。我们相信它们对广大教师和研究人员也会有参考价值。我们欢迎力学界和其他各界的教师、研究人员以及对科普有兴趣的作者踊跃撰稿或提出选题建议，也欢迎对国外优秀科普著作的翻译。

丛书编委会对高等教育出版社的大力支持表示深切的感谢。出版社领导从一开始就非常关注这套丛书的选题、组稿、编辑和出版，派出了精兵强将从事相关工作，从而保证了本丛书以优质的形式亮相于国内科普丛书之林。

中国力学学会《大众力学丛书》编辑委员会

2008年4月

序言

　　力学是自然科学中最重要的一门基础学科，也是与工程建设联系最密切的一门学科。力学的理论体系已趋完备，随之而来的是力学技术的飞速发展。近乎完备的理论体系伴随着高度的抽象性，而飞速发展的力学技术伴随着高度的复杂性和广泛的应用性。力学理论和力学技术混成的庞然大物令莘莘学子望而却步，在高度的抽象性和复杂性中迷失，并最终泯灭了教育所必须要保持的东西：好奇心。丧失了对事物的好奇心，也就丧失了一切，从而成为一个了无生气、目无瞳仁的机器，而非一个富有创造精神的、活生生的人。

　　力学的理论无疑是抽象的，但其本质却是直观的，因为它源于对身边最熟悉的事物的直接观察和思考，抽象的表象仅来自理论体系对形式化的追求。力学的技术无疑是复杂的，但其本质却是简单的，因为拆解到底层都是极其简单的构件，其复杂性仅源于综合，而综合从来就不是制约技术进步的瓶颈。只有当我们把握了理论的直观和技术的简单的本质，而不是迷失于理论的抽象和技术的复杂的表象，才能在科学研究和工程实践中创造性地运用所学，从而达到"运用之妙，存乎一心"的高远境界。

　　而如何才能在抽象和复杂的表象下把握直观和简单的本质？答案唯有：回归原初。在力学理论上，回归基础力学，通过思考，牢牢把握其直观性。在力学技术上，回归简单机构和构件，通过动手，牢牢把握其简单性。实践表明：钻研力学理论和钻研力学技术，二者不是孤立的，恰如思考和动手不是孤立的一样；二者相辅相成，共同提升我们对力学内涵的把握。

　　我们需要一些东西，它是直观的，触手可及，而非抽象的，难以理解；它是简单的，一目了然，而非复杂的，无从下手；它是有趣的，兴味盎然，而非枯燥的，索然无味。在学习中，去把玩它们，去拆解它们，去揭秘它们，去改装它们，必将起到事半功倍的良好效果。玩具和魔术契合上述要求，它们是教具，又高于教具，因为几乎没有人愿意去主动把玩教具，却没有人不喜欢玩具和魔术。

爱玩是人的天性。儿童玩玩具的过程就是对周围世界的认识过程，去把玩，去试错，这恰是正确的学习方法。玩具追求对某项功能的最简洁实现，而这恰恰揭示了现象的本质而舍弃了混淆视听的细枝末节。一个电动玩具车和真正的电动汽车，就驱动系统而言并无显著区别，但却直观简单地呈现了驱动系统的工作方式；拆解电动玩具车就能完美掌握电动汽车的驱动原理。而科技工作者的实验室原型机何尝不是一个玩具呢，对这个玩具的把玩、改进、再改进，最终定型为产品。

好奇心是人的天性。试想，如果人类没有好奇心，怎会有文明的诞生与繁荣？人类文明迈过的哪一步不是源于好奇心，并依赖于勇气、头脑和不懈的努力？魔术使人惊奇，其存在本身就有赖于人的好奇心。除了手法技巧外，魔术道具多依赖于科学，以一种独特的方式呈现自然科学成果。而这种对独特性的追求，也恰恰启发了对科学技术的匠心独具的运用。

当今时代，力学教育工作者为学子们勾勒了力学技术的宏大壮丽的画卷。但所谓大处着眼，小处着手，也需要有人强调力学学习的脚踏实地。可以说，脚踏实地、认真做过的每一件事、每一道题都将成为日后科学研究和技术应用中的重要财富。"大处着眼，小处着手",恰似杠杆的两端。大处着眼的一端太重了,我们希望能为小处着手的一端添加小小秤砣。尽管力量微薄,但也寄望高等教育出版社这个长长的杠杆臂能放大其效用。

作者们多年来活跃于力学科研和教学第一线,为了新的发展,收集了为数不少的与基础力学知识密切相关的玩具和魔术。实践表明,将其穿插于基础力学教学过程中,起到了良好的教学效果,受到央视二台、中国教育电视台和杭州电视明珠台报道,见视频1、2、3,还有人民日报等多个媒体的报道。本书分为玩具中的力学和魔术中的力学两篇,采用了新型态形式,每篇的每个主题都配有多个二维码,通过微视频介绍其操作过程并明晰其内在机理。本书成书过程中,博士生袁毅参与编排工作,北京大学武际可教授、上海大学戴世强教授和浙江大学费学博教授详细审阅了书稿并提出了宝贵意见,谨致谢意。

这本小书虽小,但其中的每个内容都经由作者们的深入思考和实践检验,并给出了自己的见解。书中不足之处在所避免,还望读者朋友们不吝赐教。

视频1. 央视二台报道

视频2. 中国教育台报道

视频3. 杭州电视明珠台报道

2019年12月于浙江大学玉泉校区

目 录

第一篇

玩具中的力学

玩具中的力学

引 言

爱玩，是人的天性。人在劳作之余的一项重要活动就是玩。因此，供玩耍游戏的器物（即玩具）也就伴随着人类同步地诞生、发展和繁荣。

玩具可以是极原始的东西，几粒石子也能玩出花样；玩具也可以是很现代的东西，遥控飞机玩具和实用的无人飞机差别很小。广义来说，科研人员的实验室原型机何尝不是一种玩具？而在经典童话故事《玩具总动员》中，玩具们已具有了真善美的情感，这何尝不是临近的人工智能时代的先声？

玩具并不单指供儿童玩的东西，它对各年龄段的人们均有意义。从各类玩具中，婴幼儿感受到了五彩缤纷的奇妙世界；青少年享受了玩耍的乐趣，并对其中体现的各类科学知识形成生动难忘的印象；成年人得以休闲，而不致在繁忙的工作中迷失；老年人获得了快乐，陶冶了情操。

玩具种类繁多，并在不断创新，已然形成一种文化。一种好的玩具，巧妙结合科技元素和文化元素，达到浑然天成的地步。玩具不为实际应用，因此也就没有实用产品的浮华装饰，人们更容易看透其本质。

我们挑选15个玩具作为教具，讲授基础力学知识在其中的巧妙运用，以期助力读者确切掌握基础力学的概念和原理；同时，还讲授相关基础力学知识的现代应用，以期拓展读者的知识面，并使之能对力学在新时代之大用有更深刻的认识。

1
至简至美——单摆玩出花样

单摆至简、至美。单摆的研究有悠久的历史，可以说它是近代科学的源头之一。我们可以观察单摆运动，认识摆动的等时性；可以通过观察若干摆锤的碰撞，体会动量和能量守恒；还可以观察渐变摆长摆列运动，欣赏其所形成的美妙的空间斑图。悬挂于结构物恰当位置的单摆可大幅降低结构物振动水平，在结构减振领域应用广泛。

单摆的概念及等时性

视频1. 单摆玩具

视频2. 王亚平在太空中表演单摆

单摆的构成十分简单，仅包含一根不可伸长的无重细线和一个有质量的小尺寸球。用细线将小球悬挂于一固定点就构成了单摆装置，如图1所示。在重力作用下，单摆初始静止于悬垂位置。将小球拨开一个角度无初速释放，小球将在重力作用下以悬垂位置为中心往复运动，见视频1和2。

单摆自由振动的微分方程为：

$$\ddot{\theta} + \frac{g}{l}\sin\theta = 0 \tag{1}$$

式中，θ 为偏转角，l 为线长，g 为重力加速度。该方程的解需用椭圆函数表示，这里我们仅讨论小幅振动情形。对小幅振动情形，$\theta \ll 1$，所以 $\sin\theta \approx \theta$。式（1）简化为：

$$\ddot{\theta} + \frac{g}{l}\theta = 0 \tag{2}$$

其通解为：

$$\theta = A\sin\left(\omega_{n}t + \varphi\right) \tag{3}$$

4

式中，$\omega_n = \sqrt{g/l}$ 为振动固有频率，振幅 A 和初相位角 φ 由初始条件确定。若给定初始条件：当 $t = 0$ 时，$\theta = \theta_0$，$\dot{\theta} = 0$，振幅和初相位角为 $A = \theta_0$，$\varphi = \pi/2$。小幅振动周期 $T = 2\pi/\omega_n$ 仅取决于重力加速度 g 和线长 l，与初始条件无关，这就是单摆的等时性。固有频率、周期、相位角及振幅是单摆最主要的参数，在工程应用中有重要意义。

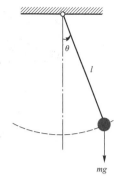

图 1. 单摆示意图

牛顿碰撞球玩具——一排等长度单摆

牛顿碰撞球玩具如图 2a 所示，通常由五个质量完全相同，且可视为理想刚性体的钢球组成。用等长的不可伸长细线将各钢球悬挂，组成一串单摆，自由状态下各钢球之间无挤压也无间隙。示意图如图 2b 所示。

现将左侧的 A 球拉起一定的初始角，让其自由下落碰撞 B 球（如图 3 所示），会发生什么？又将左侧的 A、B 两球同时拉起一定的初始角，让其自由下落（如图 4 所示），又会发生什么？再将左侧的 A 球拉起，右侧的 E 球也反向拉起相同角度，让它们同时自由下落（如图 5 所示），又会发生什么？

想要回答上述问题，我们需补充一些关于碰撞的理论知识。串联钢球碰撞可采用

图 2a

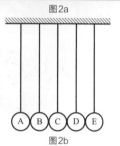

图 2b

图 2. 牛顿碰撞球. (2a): 实物图;(2b): 示意图

如下基本假设：① 对心碰撞，② 完全弹性碰撞，恢复因数 $e \approx 1$。研究图 6 所示的质量分别为 m_1 和 m_2 的两球，碰撞前速度分别为 v_{10}、v_{20}，方向沿着两球质心连线，碰撞后速度为 u_{10}、u_{20}。由水平方向动量守恒和机械能守恒，得出碰撞后两球的速度分别为：

1　至简至美
——单摆玩出花样

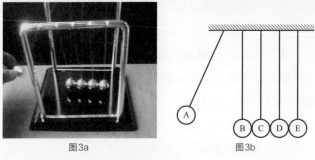

图3a   图3b

图3. 左侧A球拉起一定的角度自由下落. (3a): 实物图; (3b): 示意图

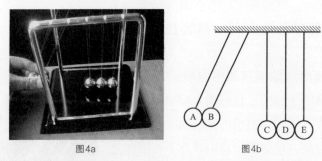

图4a   图4b

图4. 左侧A球和B球同时拉起一定角度自由下落. (4a): 实物图; (4b): 示意图

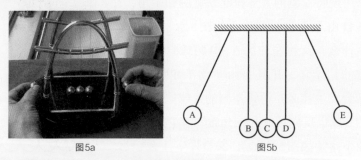

图5a   图5b

图5. 左侧A球与右侧E球同时、反向拉起同样角度自由下落. (5a): 实物图; (5b): 示意图

$$u_{10} = v_{10} \frac{m_1 - m_2}{m_1 + m_2} + v_{20} \frac{2m_2}{m_1 + m_2} \tag{4}$$

$$u_{20} = v_{10} \frac{2m_1}{m_1 + m_2} + v_{20} \frac{m_2 - m_1}{m_1 + m_2} \tag{5}$$

6

若两球质量相同，即 $m_1 = m_2$，代入上式得：

$$u_{10} = v_{20}, \quad u_{20} = v_{10}$$

由此可见，质量相同的两球对心碰撞后交换了速度。若碰撞前第2个球静止，碰撞后则变为第1个球静止。

在图3的情形中，拉起A球让其自由下落，小球自左向右一个一个交换速度，最后表现为最右侧E球弹起，而其他四球静止，即所谓的"一球进一球出"，见视频3。

视频3. A球拉起

在图4的情形中，同时拉起AB两球，BCDE依次交换速度，表现为E球弹起，之后ABCD依次交换速度，表现为D球弹起。最终表现为DE两球一起弹起，即"两球进两球出"，见视频4。

视频4. AB两球拉起

在图5的情形中，AE两球反向拉起，AE球分别与BD球交换速度，而后BD球同时与C球作用，由对称性知C球不动，因此BD球原速弹回，之后分别与AE球交换速度，最终表现为AE球反向弹起，见视频5。

视频5. AE球反向拉起

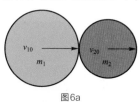

图6a

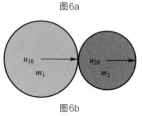

图6b

图6. 两球对心碰撞. (6a): 碰撞前; (6b): 碰撞后

变长度单摆玩具——一排摆长渐变的单摆

将一系列摆长渐变的单摆并置，就构成了变长度单摆玩具，如图7所示。在初始时刻，将各单摆拨动相同的偏角，同时释放。各单摆自身周期不变，而相邻单摆周期略有差异，随着时间增大，在空间构成了极其漂亮的图案，见视频6。

视频6. 变长度单摆的波浪图案

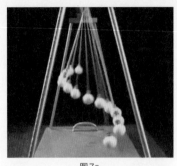
图7a

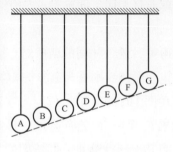
图7b

图7. 变长度单摆玩具. (7a): 实物图; (7b): 示意图

工程应用

图8. 车辆抗冲击性能测试

牛顿碰撞球为完全弹性碰撞；对于非完全弹性碰撞问题，碰撞过程伴随能量损耗。非理想弹性体的抗冲击性能可采用类似的碰撞实验测试。如图8所示的汽车碰撞测试，可用于评估汽车的侧向抗冲击性能。非完全弹性碰撞理论也可用于娱乐用的拳击机标定、车祸分析和火箭级间分离力学分析等。

单摆在高层建筑和大跨度结构的减振方面应用极为广泛，这就是所谓的调谐减振器。调谐减振的机理是：选择单摆固有频率接近于外部激励的主频率（即优势频率），将结构物的振动能量转移到单摆上，从而明显降低结构物振动水平，见视频7。其重要诀窍包括：摆重选择结构物自重的百分之四左右；单摆应在保证结构稳定性的条件下，挂在振动较大处；单摆欠阻尼振动，且阻尼大小选择有讲究。以下给出调谐减振的典型应用案例。

视频7. 调谐
减振

例1. 台北101竹节型大厦

台北101竹节型大厦内部安装了调谐减振器，如图9所示。减振器悬吊于92层，用四根粗大的钢丝绳索吊着直径为5.5米、质量达660吨的钢球。有了这个减振器，大楼就能抗风振和地震。

例2. 上海中心大厦

位于上海陆家嘴的上海中心大厦建筑有200层，总高632米。为防止风振和地震，其内部安装了质量为1 000吨的调谐减振器，如图10所示。

图9. 台北101大厦的调谐减振

例3. 杭州湾跨海大桥观光塔

杭州湾跨海大桥观光塔安装了100吨的摆式调谐减振器，从而有效地抑制了强风激励下的结构振动水平，如图11所示。

图10. 上海中心大厦的调谐减振

图11. 杭州湾跨海大桥观光塔安装100吨摆式调谐减振器

例4. 上海青浦电视塔

上海青浦电视塔的塔底结构上粘贴了电阻应变片，通过动态应变仪及记录仪，得到风激励下结构多个位置的应力变化。再用雨流计数法（累积损伤理论）计算结构疲劳寿命，若出现预测寿命低于设计寿命的情况，建造验收就通不过。

经过细致研究，在电视塔上部悬吊了11个不同长度的单摆（如图12所示），每个单摆固有频率不同，这就使得在一个频带内的振

9

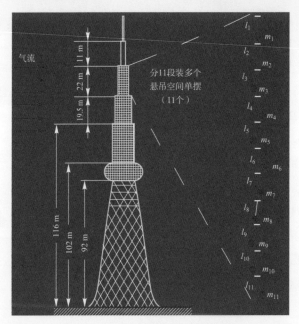

气流

11 m

22 m

19.5 m

分11段装多个
悬吊空间单摆
（11个）

116 m

102 m

92 m

l_1 m_1

l_2 m_2

l_3 m_3

l_4 m_4

l_5 m_5

l_6 m_6

l_7 m_7

l_8 m_8

l_9 m_9

l_{10} m_{10}

l_{11} m_{11}

图12. 上海青浦电视塔使用多个单摆调谐减振

动能量都能转移到单摆上，从而降低了电视塔的振动及应力水平，延长了使用寿命，工程验收得以通过。

例5. 浙江农林大学学术交流中心吊灯群

浙江农林大学学术交流中心是四层建筑，顶上采用双层夹胶玻璃顶采光，其接待大厅的不同位置悬挂着不同悬垂长度的吊灯，构成吊灯群，如图13所示。如果周围环境有振动，如工业环境中的水泵、空调机，自然

图13. 吊灯群

视频8. 吊灯群

环境的风振、地震等，不同振动源激励频率是不同的，观察不同吊灯的摆动有助于粗略分析振动源的频率成分和来源方向，见视频8。

参考文献

1 格列科夫 и. 谐振[M]. 王迺仁，何文蛟译. 北京：人民邮电出版社，1957.

2 Den Hartog J P. Mechanical Vibration[M]. New York: Dover Publications, INC, 1985.

3 庄表中，叶向荣. 拳击机的拳击力标定方法研究[J]. 力学与实践，1994，2：27-30.

4 刘延柱，陈文良，陈立群. 振动力学[M]. 北京：高等教育出版社，1998.

5 庄表中，王惠明. 应用理论力学实验[M]. 北京：高等教育出版社，2009.

6 季天健，Bell A. 感知结构概念[M]. 武岳，等，译. 北京：高等教育出版社，2009.

7 庄表中，王惠明. 理论力学工程应用新实例[M]. 北京：高等教育出版社，2009.

8 朱慈勉，张伟平. 结构力学（第三版）[M]. 北京：高等教育出版社，2016.

2

童年回忆——机械玩具车

一提到玩具，我们首先想到的就是玩具车和布娃娃了吧。玩具车和布娃娃俨然就是玩具的代名词，它们承载着我们满满的、温情的童年回忆。这里就来介绍机械玩具车。其操作十分简单，或后拉前行或前推前行，二者分别相应于势能驱动和惯性驱动。两类驱动方式在工程领域应用十分广泛，后者更是与最新科技成果紧密相连。

按操作方式分类

视频1. 后拉前行式

视频2. 前推前行式

从操作方式上看，机械玩具车主要有两种类型。类型I：用手将小车按在地面上，向后拉，松手后小车快速前进，可称为"后拉前行"式，见视频1；类型II：用手将小车按在地面上，向前推，松手后小车前进，可称为"前推前行"式，见视频2。向后拉和向前推的过程可以连续实施多次，小车能行进更远距离。仔细观察可发现："后拉前行"式小车的前行速度可远超后拉速度，而"前推前行"式小车的前行速度不超过前推的最大速度。

内部结构拆解

"后拉前行"式机械玩具车

"后拉前行"式机械玩具车及其内部结构拆解如图1所示。齿轮箱内装有钢片弹簧（即发条），齿轮上的卡槽卡住钢片一端。后拉小车时，车轮转动通过齿轮组引起钢片弹簧扭转。放手后，发条的变形逐步恢复，通过齿轮组传动带动车轮向前转动。发条完全释放后，小车就失去了驱动源，慢慢停止运动。

图1a　　　　　　　图1b　　　　　　　图1c　　　　　　　图1d

图1."后拉前行"式机械玩具车及其内部结构拆解. (1a): 玩具车;
(1b): 传动系统; (1c):钢片弹簧; (1d):带卡槽的齿轮

"前推前行"式机械玩具车

"前推前行"式机
械玩具车及其内部结
构拆解如图2所示。它
的内部结构主要由齿轮
组和一个飞轮组成。在
前推时，车轮转动带动

图2."前推前行"式机械玩具车及其内部结构拆解

飞轮飞速旋转；松手后，飞轮的旋转又通过齿轮组带动车轮向前转动。
飞轮转动越来越慢，小车行进速度降低；当飞轮停止旋转，小车也停
了下来。当然，这种机械车也能实现后拉后退。

力学机理分析

"后拉前行"式机械车通过将手作的功转化为弹性应变能储存起
来，之后弹性应变能逐步释放，转化为小车动能驱动小车前行，可称
为势能驱动型机械车。"前推前行"式机械车通过将手作的功转化为
飞轮转动动能，之后飞轮惯性运动驱动小车前行，可称为惯性驱动型
机械车。

势能驱动型

用手将"后拉前行"式机械车按在地面上向后拉，车轮与地面无

滑滚动，车轮转动通过齿轮组使得钢片弹簧扭转。从能量角度看，手作的功转化为钢片弹簧的弹性势能：

$$V = \frac{1}{2} k \theta_\mathrm{m}^2$$

式中，k 为扭转刚度，θ_m 为最大扭转角。松手后，钢片弹簧逐步释放，存储于其中的弹性势能转化为小车的动能，小车的前行速度可远超后拉速度。

视频3. 螺旋弹簧式机械车

上述势能驱动型机械车采用了钢片弹簧，但也可采用其他形式的弹簧。如图3所示的玩具车，就利用螺旋弹簧储能。按压小黄鸭头部，小车就往前跑，见视频3。

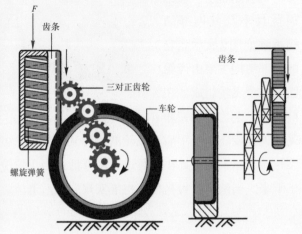

图3. 采用螺旋弹簧储能的势能驱动型机械车

惯性驱动型

用手将"前推前行"式机械车按在地面上向前推，车轮与地面无滑滚动，车轮转动通过齿轮组带动飞轮转动。从能量角度看，手作的功转化为飞轮的转动动能：

$$T = \frac{1}{2} J \omega^2$$

式中，$J = \sum m_i r_i^2$ 为飞轮的转动惯量，m_i 为质点质量，r_i 为该质点到转轴的距离。松手后，飞轮转动通过齿轮组带动车轮转动，飞轮动能转化为小车运动的动能，小车的前行速度不超过前推的最大速度。

从转动惯量的定义可以看出，将质量分布于远离转轴处，可用小质量实现大的转动惯量。因此，可通过合理设计飞轮，造出质量很轻的惯性驱动机械车。

工程应用

"后拉前行"式机械玩具车通过将外力功转化为弹性应变能，之后再逐步释放。这种思路在工程中应用极为广泛，这里仅举航母拦阻索一例以示说明。由于航母上的飞机跑道很短，不允许舰载机在降落时自由滑行直至停下，需要尽快使之从很高的速度降为零。最早的拦阻装置使用了拖拉重物的消能装置，即在拦阻索末端连接沙袋，在甲板上竖立塔架，滑行中的飞机拖拉缆绳使悬挂在塔架上的沙袋抬升，将飞机的动能转化为沙袋的重力势能。关于拦阻索的详细分析和新型拦阻索介绍，详见刘延柱教授的著作《趣味刚体动力学》(《大众力学丛书》之一）。

"前推前行"式机械玩具车通过将外力功转化为转动动能，之后再逐步释放。这种能量转化机制极为常见。我们小时候都玩过一种叫做拉线陀螺飞轮的小玩具，如图4所示。这个小玩具十分简单，将一根棉线穿过圆轮上的两孔后，两端系在一起即可。两手持棉线，通过有节奏地拉伸，飞轮飞速旋转并发出风哨声，见视频4。

视频4. 拉线陀螺飞轮

手拉拽棉线所作的功转化为飞轮动能，飞轮旋转动能又将棉线缠绕在一起使之变短，周而复始。

发光拉哨玩具

图4. 拉线陀螺飞轮

这种小小的"前推前行"机械玩具车和拉线陀螺飞轮是如此平常，以至于没有人认为还有什么值得研究的。然而，恰恰是在最平常之处隐藏着不平常。2002年，剑桥大学的Smith教授在机械系统和电学系统的物理类比中，创造性地提出了"惯容"的概念，而这个新东西和我们摆弄的小玩具如出一辙。平移运动"惯容"的齿轮–齿条式设计与"前推前行"机械玩具车机理一致，如图5

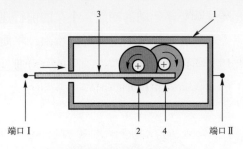

1–主框架 2–齿轮 3–齿条 4–飞轮

图5. 平移运动"惯容"的齿轮–齿条式设计

所示。这种能量转换方式具有显著的相对运动缓释作用，对结构振动（特别是峰值响应）有一定的抑制作用。2007年F1方程式赛车麦克拉伦车队与雷诺车队之间的技术争端解密的J–damper悬挂系统，本质上就是"惯容"减振器。麦克拉伦车队于2005年已将该悬挂系统投入使用，对其卓越的比赛成绩颇有贡献。

参考文献

1　Higham N J. The Princeton Companion to Applied Mathematics[M]. Princeton: Princeton University Press, 2015.

2　刘延柱. 趣味刚体动力学（第二版）[M]. 北京：高等教育出版社，2018.

3　费学博. 理论力学（第五版）[M]. 北京：高等教育出版社，2019.

4　Chen M Z Q, Hu Y L. Inerter and Its Application in Vibration Control Systems[M]. Beijing: Springer and Science Press, 2019.

2 童年回忆
—— 机械玩具车

3
知难而退——遇阻则返的舞动车

我们平时玩的各种玩具车一旦遇到台阶或者墙壁阻碍，就卡在那里动不了了。可以说，这些玩具车都是莽汉，缺根筋儿，撞了南墙也不知道回头。本节介绍一种新型玩具车（称为舞动车）：通过巧妙的车轮设计和凸点布置，这种车在遇到阻碍时能迅速翻身，向另一个方向行进。它们看上去更聪明些，懂得知难而退。可以说，单纯的力学设计就使之貌似具有了一定的智力水平。

舞动车表演

市面上的舞动玩具车有多种仿生外形，有的是蜜蜂造型（如图1所示），也可以是小狗、小猪等。其玩法也比一般的玩具车更有趣。舞动车可以在有边界限制的箱或盒内，也可以在宽广的办公室地板上表演，见视频1。舞动车在自由运动时沿某个方向行

图1. 舞动车

视频1. 舞动车

进，行进过程中不停地前后俯仰，左右摆动。一旦遇到边界阻碍，前轮沿边界上爬并翻倒，紧接着侧翻身站起，又朝另一个方向行进。整个过程周而复始，十分有趣。

舞动车结构拆解

舞动车内腔有直流电机为动力源，还有三级正齿轮的减速齿轮箱，见图2所示。动力源用减速齿轮箱驱动前轴和后轴同向转动。轮轴上左右两边固结有带圆角的等边三角形板，每个圆角的中心各固结一个

图2. 内部结构拆解

装有软塑料齿的小圆轮。因此，车轮在总体上是三角形的，外缘的软塑料齿提供了较大的摩擦力和较好的抗冲击减振性能。

舞动车共有四个这样的三角形轮子。它们彼此之间有相位差，前轴轮与后轴轮之间有相位差，左侧轮与右侧轮之间也有相位差，这就导致舞动车在行进中左右前后舞动，十分有趣。各轮之间的相位差见视频2。

视频2. 轮间相位差

当舞动车行进中遇到了障碍物，如墙壁等，前轮向上攀爬，车体后仰并最终朝天翻倒，如图3所示。

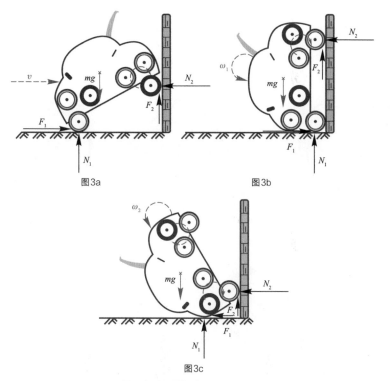

图3a

图3b

图3c

图3. 舞动车遇墙爬起，后仰直至翻倒

在舞动车外壳上有几个凸点，每个凸点都有易使车绕着此点转动的功用。凸点布置如图4所示，其中凸点1在顶部左侧，凸点2在

3 知难而退
——遇阻则返的舞动车

顶部右侧,凸点3在后轮上,两个后轮上各有一个。舞动车翻身站起全过程见图5和视频3。在图5a中,舞动车仰面朝天,凸点1为仅有的支点,由受力分析知,车辆自重对此点产生力矩M,此力矩使舞动车顺时针翻转,达到图5b所示状态,此时,

图4. 舞动车外壳凸点布置

舞动车的支点变为凸点2。舞动车因惯性作用继续转动,使得车右侧的凸点3与地面接触,直到舞动车在重力作用下翻转过来,如图5d所示。舞动车与地面冲击式接触,如图5e所示。车轮外缘柔软,起到对冲击的缓释作用,因而车又能平稳前进了。

视频3. 翻转过程

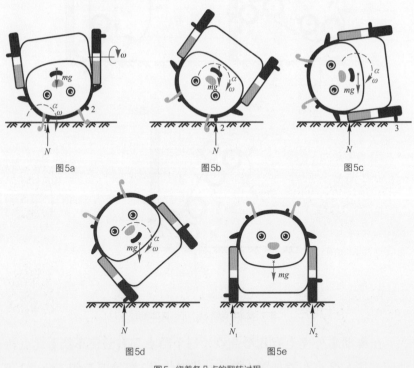

图5a   图5b   图5c

图5d   图5e

图5. 绕着各凸点的翻转过程

拓展应用

三角形的轮式设计使得舞动车呈现好玩的运动特性，并且能遇阻反转。工业中还真有一种三角形的轮子。它不同于普通三角形，而是由三个弧边组成的，是彼此通过圆心的轴对称的三个圆的重叠部分，如图6所示。这个三角形称作莱洛三角形。

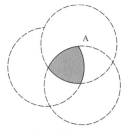

图6. 莱洛三角形

莱洛三角形的每条弧形边上的点到另两条弧边交点的距离相等，因此可以在两条平行线之间保持完全接触地作平面运动，如图7所示。也有人用莱洛三角形做成了二轮自行车，它可以骑行，但因其中心上下波动，所以骑行时会有颠簸。

工业上也利用莱洛三角形设计刀具。这种刀具可以在许多加工件（如木器件、金属件等）上加工出方孔或矩形孔，如图8所示。

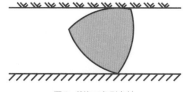

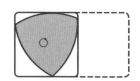

图7. 莱洛三角形车轮　　　　图8. 莱洛三角形加工方孔

图9. 麦克纳姆轮式车

图10. 特殊轮式机器

当前市面上还有一种特殊的轮式车，在圆形车轮表面倾斜布置了两圈圆台形小轮（称为麦克纳姆车轮）。这类玩具车可以像螃蟹一样横行霸道，见图9和视频4。

视频4. 麦克纳姆轮式车

特殊的轮式设计能使车辆具有一定的越障能力，这些设计已广泛应用于现代机器人领域，如图10和视频5所示（由浙江大学交叉力学中心博士生金永斌制作）。

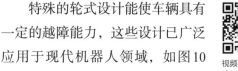

视频5. 特殊轮式机器

参考文献

1 张伟伟. 蜜蜂翻斗车的动力学浅析[Z/OL]. 微信公众号：力学酒吧，2018.

2 哈尔滨工业大学理论力学教研室. 理论力学（第八版）[M]. 北京：高等教育出版社，2016.

4
飞檐走壁——会爬墙的玩具车

　　遇阻知返的舞动玩具车已经十分惊艳了，本节介绍一种更加吸引人们眼球的会爬墙的玩具车。我们拆解其内部结构（以风机为核心），阐述其行进于墙壁和天花板时的力学机理（摩擦和负压），进而陈述相同原理在高层建筑保洁工作中的应用。

爬墙玩具车操作

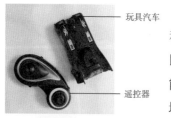

玩具汽车

遥控器

图1. 能爬墙的遥控玩具车

视频1. 地面行进

视频2. 爬墙表演

　　乍一看，能爬墙的玩具车和普通遥控玩具车没有太大的区别，如图1所示。但它除了能在地面上行走之外，也能在墙壁上甚至天花板上静止、前进、后退、转弯和打圈（如图2所示），如非亲眼所见，人们很难相信这一神奇现象。爬墙玩具车操作见视频1、2、3。

汽车吸在书架顶上

图2. 玩具车在墙壁和天花板上行进

视频3. 天花板行进

力学机理分析

爬墙玩具车的内部结构如图3所示，除了普通玩具汽车具有的驱动电机、减速箱外，增加了一个功率更大的风机。当玩具车放置于墙面或者天花板上时，风机转动，连续不停地抽吸车底部的空气，造成负压。车体底部两侧的柔软纸条密封带加强了气流的密封性，形成一个封闭的负压区，使小车腹部紧贴墙面或天花板，恰似一个吸盘，如图4所示。

图3. 爬墙玩具汽车内部结构

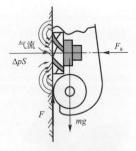

图4. 负压区的形成

行进于竖直墙面上

当行进于竖直墙面时，玩具车受到竖直向下的重力作用。负压产生的吸力沿墙壁法线方向，车轮与墙壁之间的摩擦力 F_f 与玩具车重力平衡。因此，负压产生的吸力提供了产生摩擦所必需的侧向正压力 F_n。玩具车受力图如图5所示。

设外侧环境气压与内侧气压之差为 Δp，封闭区域面积为 S，则产生的吸力为 $F_a = \Delta pS$。根据库仑摩擦定律，能产生的最大静摩擦力为 μF_a，其中 μ 为车轮与墙壁间的静摩擦因数。要使摩擦力能与小车自重平衡，负压 Δp 必须满足 $\Delta p \geq \dfrac{mg}{\mu S}$，其中 m 为小车质量。在该例中，

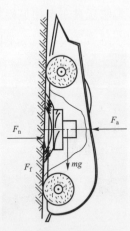

图5. 爬墙汽车受力分析图

$m = 54$ g,$S = 16$ cm^2,$\mu = 0.4$,计算得到最小负压值约为 827 N/m^2,即 0.827 kPa。用拉力计勾住吸附于墙壁上的玩具车进行测试,测得最大摩擦力为 1.72 N,增加纸质密封条后增大到 1.82 N,如

图6. 实测静摩擦力

图6所示。最大静摩擦力远远超过玩具车的自重（约 0.53 N）,实际负压值约为 2.84 kPa,远大于最低允许值。

行进于天花板上

当小车在天花板上行进时,不需要摩擦力参与平衡。玩具车的自重被垂直向上的吸力所平衡。需满足的条件为 $F_a > mg$,即 $\Delta p > \dfrac{mg}{S}$。相应于前述小车的参数,最低允许负压值为 330 N/m^2。与行进于竖直墙面的情形比较,行进于天花板时对负压的要求明显降低。由此可见,小车在天花板上倒立行驶看起来十分惊险,实际上却比爬墙更容易实现。

推广应用

爬墙玩具车虽小,但其工作原理却应用广泛。真空吸盘式爬壁机器人是一种现代科技产物,其力学原理与爬墙玩具车完全相同,只是承载的重量要大得多,产生负压的电动机功率也要大得多。利用软导线可以直接从地面接入电源,代替爬墙玩具车中的充电锂电池板。利

图7. 玻璃擦拭车

用爬壁机器人担负清洗玻璃幕墙等高层建筑保洁或者擦拭天花板的工作,可以降低保洁成本,改善工人的劳动条件。一种典型的玻璃擦拭车如图7所示,也可见视频4。

视频4. 玻璃擦拭车

参考文献

1　吴望一. 流体力学 [M]. 北京：北京大学
　　出版社，2000.

2　庄表中，刘延柱. 会爬墙的汽车玩具 [J].
　　力学与实践，2013，35(2)：99–100.

3　刘延柱. 趣味刚体动力学（第二版）[M].
　　北京：高等教育出版社，2018.

5
迈步前行——机器马

　　车是有轮子的。在车的行进过程中，轮子纯滚动。通过滚动来改变物体的位置比通过滑动要容易得多，且更节省能量。因此，轮式机械在工程领域中得到了优先发展。轮子具有优美的对称性，轮式机械仅需一个电动机即可驱动运行。相比而言，足式机械看上去要复杂得多。各条腿非同步地运动，貌似不易用简单手段实现。

　　市面上有一大类仿生玩具，能模仿动物抬步行走行为。本节以机器马为例，阐述如何用一个电动机，通过两类机构的巧妙组合，实现四条腿非同步运动，惟妙惟肖地模仿真马走路。

机器马玩具展示

　　在机器马玩具中装入电池，打开开关后，机器马即迈步行走，和真马行走庶几无差，见图1和视频1。

视频1. 机器马行走

图1. 机器马玩具

机器马玩具行走机理

机器马内部机构如图2所示，包含动力源与减速齿轮组等。减速齿轮组为两级减速系统（见图3）：第一级是从电动机轴上装的小齿轮垂直传动到大尺寸的伞齿轮，在第一次减速的同时实现转向改变90度；第二级是与伞齿轮同一轴上装有一个小正齿轮，

视频2. 传动机构

再传递到另一平行轴的大尺寸齿轮上，实现第二次减速。传动机构见视频2。

图2. 机器马内部拆解

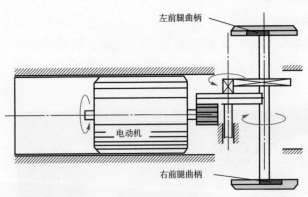

图3. 两级减速系统

两前腿间有相位差

大正齿轮轴的两端各装有一个曲柄，这两个曲柄相位差为180度。两个曲柄转动分别驱动左前腿和右前腿。前腿运动靠曲柄推动一个滑块摆杆机构，腿是与摆杆装置一体的，摆杆作平面运动，如图4所示。

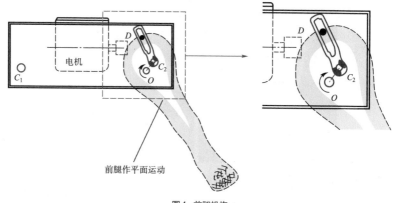

前腿作平面运动

图4. 前腿机构

前腿和后腿之间有相位差

后腿是四连杆机构的一个从动摆杆，如图5所示。因前腿传动轴上的两个曲柄有相位差，所以两个后腿的曲柄之间也有相位差。四连杆机构的曲柄OA与摆杆CB长度的选择不同，相位差就不同。若OA长度为零，则后腿不摆；若$OA = CB$且$OC = AB$，则前腿和后腿无相位差摆动；若$OA \neq CB$，则前腿和后腿之间有相位差。

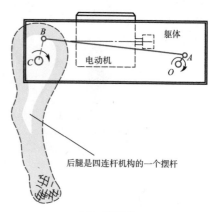

躯体

电动机

后腿是四连杆机构的一个摆杆

图5. 后腿机构

有相位差机构的应用举例

通过连杆机构的合理、巧妙设计，可实现各条腿之间的非同步运动，模仿动物或人的抬步行走。这种设计在玩具和机器人领域应用广泛，如图6所示的两腿行走机器人玩具（见视频3），以及图7所示的四腿奔跑智能机器狗（见视频4）。

视频3. 两腿行
走机器人

图6. 两腿行走机器人玩具

视频4. 机器狗

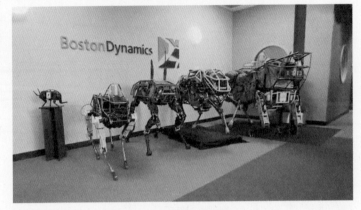

图7. 四腿奔跑智能机器狗

参考文献

1 黄纯颖，高志，于晓红，陶晋. 机械创新设计[M]. 北京：高等教育出版社，2000.

2 Sclater N. 机械设计实用机构与装置图册[M]. 邹平译.北京：机械工业出版社，2015.

3 哈尔滨工业大学理论力学教研室. 理论力学（第八版）[M]. 北京：高等教育出版社，2016.

4 费学博. 理论力学（第五版）[M]. 北京：高等教育出版社，2019.

5 迈步前行
——机器马

6

起跳翻身——翻跟斗的猴子玩具

几乎所有爱玩的人（所有人都是爱玩的
人）都曾故意将甲虫或乌龟翻过来，仰面朝
天放在地上，看它们不断挣扎企图翻身，并
在这种风趣的情境中得到乐趣。有些人见过
一种叫做叩头虫的甲虫（如图1所示）。见

图1. 叩头虫

过的人都曾将其翻转置于地面，叩头虫会高高跃起试图翻转，并发出
脆响；若未能成功，则紧接着就有下一次跳跃，直至完成翻身，见视
频1。这算是生长在中原地区的小朋友的童年乐趣吧。马戏团的猴戏
中基本的一项就是翻跟斗，在工作人员的指挥下，受训的猴子跳起
并在翻身一周后落地，这个项目也许是受到孙悟空筋斗云
的启发。对普通人而言，起跳翻跟斗可不是一件容易的事，
粗略估计能完成这个动作的十中无一，但这对体操运动员
来说却是基本功。

视频1. 叩头虫
翻身

　　这里，我们介绍一个翻跟斗的小猴子玩具。拧发条后置于桌面上，
猴子能原地起跳翻跟斗360度并站稳。起跳和翻转过程有赖于置于体
内的一根拉簧，而落地站稳过程则有赖于尾巴的缓冲和稳定作用。这
个小小的玩具就反映出从起跳翻身到落地站稳的诸多要领，值得我们
去解剖其内部机构并理解其力学原理。

猴子玩具操作过程

　　翻跟斗的猴子玩具如图2所示。一手拿着猴子玩具，另一手顺时
针方向拧发条，之后将其置于硬质桌面上；发条杆反时针方向缓慢旋
转，并发出滋滋声；某时刻开始，猴子上身逐渐前倾，并突然向后转
动，整个猴子起跳翻转360度并站稳。整个过程不断反复，即可以翻

跟斗多次，直至发条盒不再发出声响。起跳翻身过程见视频2。

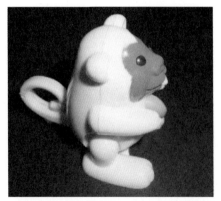

视频2. 猴子玩具起跳翻身

图2. 翻跟斗的猴子玩具

猴子玩具结构拆解

从外观上看，猴子玩具由身躯和后脚两部分构成。剖开腹腔，可清楚看到其内部构成（如图3所示），其中包括发条盒、凸轮和弹簧，分别如图4、图5和图6所示。发条盒是多数可动玩具的动力源，发条盒拆解如图7所示，其内部由齿轮系构成，包括一个单向转动棘轮（图8所示）、三个齿轮和一个擒纵机构。

图4. 发条盒

图5. 凸轮

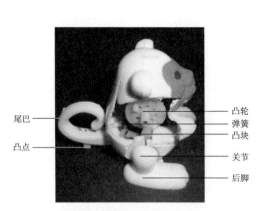

尾巴

凸点

凸轮
弹簧
凸块
关节
后脚

图3. 猴子玩具的内部组成

图6. 弹簧

图7. 发条盒拆解

图8. 棘轮

猴子的身躯和后脚通过关节相连，发条盒嵌入身躯，凸轮与发条杆固结。弹簧的一端挂在猴子身躯上，另一端连接在后脚上。拧发条后置于刚性桌面上，发条缓慢释放，发条杆带动凸轮慢速转动；凸轮受到固结于后脚上的凸块限制，致使身躯前倾，并拉伸弹簧；随着凸轮转动，凸块的限制突然解除，在拉伸弹簧作用下身躯后倾，并带动后脚起跳翻转；翻转近一周后落地，在尾巴的辅助下站稳。

力学机理分析

猴子玩具起跳翻身的全过程，可用力学语言阐述如下：

阶段 I：手拧发条，力偶所作的功以弹性应变能形式储存于发条中。储存的势能值为 $E = \int_0^{\varphi_0} M(\varphi)\mathrm{d}\varphi$，式中，$M(\varphi)$ 为输入的力偶矩，φ_0 为发条转过的角位移。阶段 II：发条缓慢释放应变能，猴子身躯在凸块限制下前倾并拉动弹簧，发条的部分应变能储存在弹簧中。阶段 III：当凸轮随同身体转动到某一位置时突然脱钩，被拉伸的弹簧对猴子身躯产生后仰力矩，使猴子身躯绕关节迅速向后转动。阶段 IV：猴子身躯的快速后仰致使后脚被甩起，离开地面后系统对质心动量矩守恒，猴子整体后空翻。阶段 V：猴子玩具在重力作用下落回桌面，尾巴和后脚构成了具有一定柔度的三个支点。猴子刚接触地面时的动能转化为尾巴的应变能，并迅速耗散掉。猴子玩具跳起翻转的详尽力学分析，可参见刘延柱教授的《趣味刚体动力学》一书（《大众力学丛书》之一）。这里，我们细致讨论合理选择尾巴刚度和合理分布质量的重要意义。

在猴子跳起翻转并站稳的过程中，尾巴刚度的选择是至关重要的，选择合理可提高其操作可靠度。如果刚度太小（以没有尾巴为其极端情况），则尾巴不能与两只脚构成三个支点，因而不易站稳，见视频3。如果刚度太大，则尾巴不能起到缓冲作用，在受到冲击后将迅速反弹使猴子跌倒。这就需要通过实验对尾巴的刚度进行优化。我们用自制小刚度

视频3. 无尾猴子玩具跌倒

测试仪（图9所示），得出能站稳的猴子尾巴的力与变形曲线（图10所示）。实验表明：尾巴具有线性刚度；刚度取值范围为0.488~0.587 N/mm时，实现猴子翻跟斗后站稳的成功率达90%。这里值得指出的是，尾巴在猴子起跳过程中没有与地面有任何接触，因此对起跳过程没有影响。这可以通过对视频的慢放观察到，也可通过无尾巴猴子能起跳翻转推测出来。

图9. 小刚度测试装置

质心位置以及对质心轴的转动惯量是非常重要的力学参数，质量的合理布置可使得翻跟斗过程中耗能最少，从而增加翻跟斗的表演次数。确定质心位置后才可以测试对质心轴的转动惯量，而对质心轴的转动惯量可指导线弹簧刚度的选择。猴子玩具的质心位置可应用悬吊、数码摄像和CAD技术综合测试得到，而对质心轴的转动惯量则应用图11所示的三线摆测试得到，测试过程见视频4。实验测试得到猴子玩具对质心轴的转动惯量为

视频4. 三线摆测转动惯量

$J_0 = 3.36 \times 10^{-6}\,\mathrm{kg \cdot m^2}$。

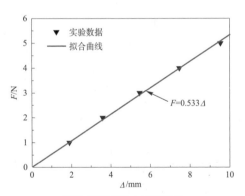

图10. 猴子尾巴的力与变形曲线

图11. 三线摆法测猴子玩具对质心轴的转动惯量

几点讨论

原地起跳翻跟斗的猴子玩具看似简单，实则体现了工程系统设计的诸多原则。对翻转运动系统而言，重量要轻；质心布置应使绕质心轴的转动惯量尽量小从而耗能少（如空间卫星的姿态调整）；着地支点刚度要适中，且材料应有较大内阻（如航天器火星软着陆）。此外，对非均质物体，一些重要力学参数是很难计算给出的，这就需要充分应用力学概念并结合各种实验技术测试之。

参考文献

1 陈春澄，庄表中，沈德先. 关于测试物体转动惯量方法的探讨[J]. 力学与实践，1992，14(6)：48-49.

2 庄表中，王惠明. 应用理论力学实验[M]. 北京：高等教育出版社，2009.

3 庄表中，王惠明. 理论力学工程应用新实例（盘配书）[M]. 北京：高等教育出版社，高等教育电子音像出版社，2009.

4 庄表中，李欣业，徐铭陶. 工程动力学：振动与控制（DVD）[M]. 北京：机械工业出版社，2010.

5 王永，田燕萍，庄表中. 猴子玩具跳起360度翻跟斗能站稳——重要力学参数的优化及测试[J]. 力学与实践，2012，34：120-121.

6 庄表中，王惠明，马景槐，李振华，魏佳. 工程力学的应用、演示和实验[M]. 北京：高等教育出版社，2015.

7 刘延柱. 趣味刚体动力学（第二版）[M]. 北京：高等教育出版社，2018.

6 起跳翻身
—— 翻跟斗的猴子玩具

7

随波逐球——玩浮球的水獭玩具

这里，让我们从陆上玩具转入水中玩具，介绍一个玩浮球的水獭。小小水獭随波逐球，极为有趣。我们拆解其内部结构；陈述其能浮于水面的浮力定律、驱动球体旋转的动量矩定理和驱动球体摆动的质心运动定理；并介绍质心不运动准则及其在电动工具设计中的应用。

水獭玩浮球玩具表演

视频1. 水獭玩浮球

一个布质水獭与一个浮球连接。打开开关后一起放置到盛水的盆内，水獭就会翻来滚去玩浮球，见图1和视频1。

图1. 水獭玩浮球玩具

水獭玩浮球玩具拆解

浮球体外壳分为两个半球，半球质量记为$m_2/2$，其中一个半球内部安装有电动机、变速箱、电池和开关等零部件（如图2所示），质

量记为 m_1。接通电源后，内部转子匀速转动，见视频2。另一个半球为空心的半球盖，外表面一点和水獭相连（见图3和视频3）。两个半球体经由螺纹和橡皮圈密封配合，可以浮在水面上而不会进水。水獭用极轻材质制成，浮于水面上。

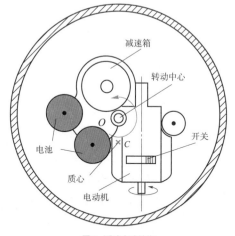

视频2. 内腔系统转动

图2. 浮球内腔结构

视频3. 水獭与浮球外壳

图3. 浮球另一半与水獭相连

力学机理分析

浮力与重力平衡

依据阿基米德浮力定律设计球壳尺寸，使球体能浮于水面。当浮球腔内的电动机未通电时，浮球不翻转和摆动，浮力 F_s 与重力 $(m_1 + m_2)g$ 平衡，受力图见图4。

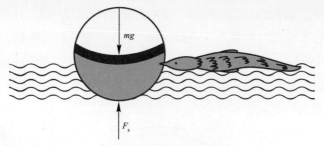

图4. 浮力与重力平衡

浮球动量矩守恒

因为水獭与浮球系统在水池内受到的阻力矩都很小，又浮球有两个相对转动的刚体，一个是电动机、减速箱和电池等组合而成的转动体，其绕转动中心轴o的转动惯量为J_{1o}，转动角速度为ω_1；另一个是球壳绕转动中心轴o的反向转动，转动惯量为J_{2o}，转动角速度为ω_2。可以认为此浮球系统对中心轴的外力矩接近于零，系统的动量矩守恒（见图5所示），故有：

$$J_{1o}\omega_1 = J_{2o}\omega_2$$

当电源线路接通后，$\omega_1 \neq 0$，则浮球系统外壳有角速度：

$$\omega_2 = \frac{J_{1o}\omega_1}{J_{2o}}$$

人们看到球壳发生角速度为ω_2的转动。

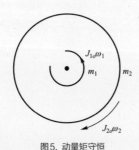

图5. 动量矩守恒

系统质心位置不变

这个水獭浮球系统与图6有偏心转子的电动机相似。转子有偏心

距 e，转子角速度 ω_1，质量 m_1；外壳质量为 m_2。根据质心运动原理可给出外壳水平位移为：

$$s = \frac{m_1}{m_1 + m_2} e \sin \omega_1 t$$

所以，水獭外壳会浮在水面上做往复运动。

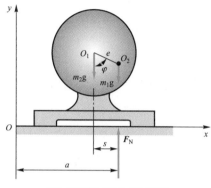

图6. 转子偏心的电动机往复运动

一点说明

质心运动定理在工程领域有极为广泛的应用，这里仅举几例说明（图7，图8）。

例1. 有偏心电机的按摩器

图7. 按摩器

视频4. 按摩器

7 随波逐球
——玩浮球的水獭玩具

例2. 振动压实机

视频5. 振动压
实机

图8. 振动压实机

　　质心不运动准则可用于解决质心运动的逆问题，常用于电动工具
的设计和制造，可以减少手持位置的振动，从而降低对操作人员的累
积损伤。

参考文献

1 吴望一. 流体力学[M]. 北京：北京大学
出版社，2000.

2 哈尔滨工业大学理论力学教研室. 理论
力学（第八版）[M]. 北京：高等教育出
版社，2016.

7 随波逐球
—— 玩浮球的水獭玩具

8

飞碟临世——多旋翼飞行器

飞碟（即不明飞行物UFO）深深地吸引着科学爱好者，很多青少年朋友为之牵肠挂肚，如痴如醉。飞碟有多种形式，总体上都是扁平碟状，如图1所示，这和常

图1. 飞碟构想图

见的有翼飞机大不相同。近年发展起来的多旋翼飞行器玩具和飞碟的样子非常接近，本节就来介绍这种飞行玩具。

多旋翼飞行器由多个旋翼驱动飞行，我们来探讨其飞行机理、动量矩偶的概念，以及如何以高灵敏度为指标设计旋翼数目。

飞行器简介

在地球大气层内、外飞行的器械统称为飞行器。按照飞行器的飞行环境和工作方式不同，飞行器又分为三类：航空器、航天器、火箭和导弹。在大气层内飞行的飞行器称为航空器，它靠空气的静浮力或靠空气动力（机翼理论）升空飞行。航空器的分类见表1。

多旋翼飞行器发展史

最古老的旋翼飞行器即竹蜻蜓，也被称为"中国陀螺"，如图2所示。双手搓动细杆，细杆带动连接于其顶端的旋翼旋转，离手飞

表1. 航空器分类

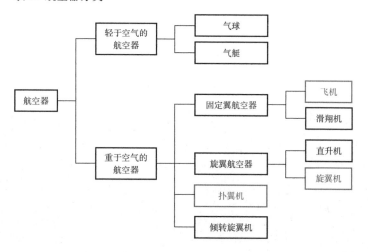

行。文艺复兴时期，著名科学家和画家达芬奇绘制了直升机设计草图，图3所示为根据设计草图制造出的达芬奇飞行螺旋。法国人P. Cornu在1907年研制出一架全尺寸载人直升机并试飞成功，这架名为"飞行自行车"的直升机被称为"人类第一架直升机"。同年，法国两兄弟J. Breguet和L. Breguet在C. Richet教授的指导下，研制成四旋翼飞行器，这就是最早的多旋翼飞行器。

技术上的局限导致多旋翼飞行器续航时间短、载重量低，这使之难有实际用途。因此，其发展陷入了长达数十年的停滞，并在20世纪90年代初以玩具形式再次进入公众视野。

图2. 竹蜻蜓

图3. 达芬奇飞行螺旋

多旋翼飞行器操作

这里我们介绍两款典型的多旋翼飞行器玩具，即图4a所示的双旋翼直升机和图4b所示的四旋翼飞行器。

图4a

图4b

图4. 多旋翼飞行器. (4a): 双旋翼直升机; (4b): 四旋翼飞行器

视频1. 双旋翼
直升机

视频2. 四旋翼
飞行器

双旋翼直升机的主要部件包括机身、电动机和两个旋翼，两个旋翼在同一轴上，打开开关，电动机带动两个旋翼反向旋转，松开手后直升机飞起，见视频1。

四旋翼飞行器的主要部件包括框架、四个独立电动机和四个旋翼，此外还有控制系统。相邻旋翼转向相反。通过遥控器调整各电动机的转速，可实现上升、下降、翻转、悬停、转弯等飞行姿态，见视频2和视频3。

飞行机理分析

对双旋翼直升机而言，两个旋翼旋转产生升力，升力大小与旋转角速度的平方成正比。当升力大于自身重力时，直升机上升；反之则下降。此外，两个旋翼转向相反，由于对转轴的动量矩守恒，确保机身不发生转动。

视频3. 国庆70周年多旋翼表演

对四旋翼飞行器而言，输入的是四个平行轴电动机的转速，而输出的是机身的六个自由度运动。旋翼旋转产生升力。同样地，当升力大于自身重力时，飞行器上升，反之则下降。改变各电动机的转速，可改变各旋翼产生升力，从而能使飞行器发生翻转运动。

动量矩偶的概念和应用

引入动量矩偶的概念，对分析多旋翼飞行器有重要的意义。当两个动量矩矢的大小相等、方向相反，且转轴平行时，称为动量矩偶，如图5所示。其度量为动量矩偶矩，用矢量 LM 表示，方向也按右手螺

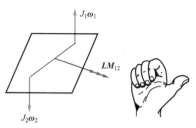

图5. 动量矩偶

旋法则确定，这里用三箭头示出（区别于力偶矩的二箭头表示），大小等于动量矩的大小乘以动量矩偶臂。四旋翼飞行器有四个旋翼，就有四个动量矩，即 $L_1 = J_1\omega_1$，$L_2 = J_2\omega_2$，$L_3 = J_3\omega_3$，$L_4 = J_4\omega_4$，其中 J_i 是第 i 个旋翼对其转轴的转动惯量，ω_i 是第 i 个旋翼的角速度。如图6所示，若 L_1 与 L_4 大小相等，则形成一动量矩偶 LM_{14}；若 L_2 与 L_3 大小相等，则形成另一对动量矩偶 LM_{23}。相应地，采用不同的结对形式，可能形成另两个动量矩偶 LM_{13} 和 LM_{24}。由旋翼中心形成的正方形的外接圆半径记为 r，则动量矩偶臂为 $\sqrt{2}r$。推广到 n（$n \geq 6$ 且为偶数）旋翼情形，可形成 $n/2$ 对动量矩偶，有 $(n/2)$！种可能组合。

注意到，各组动量矩偶矢形成封闭多边形。动量矩偶矢的封闭图形的形状和大小均不相同，如图7和图8所示。动量矩偶矢大表示旋转灵敏度高，为优化选择电动机结对提供重要信息。六旋翼飞行器最大的动量矩偶臂为 $2r$，八旋翼飞行器则是 $1.85r$，小于六旋翼情形。所以，

玩具型飞行器以成本低为主要目标，选择生产四旋翼飞行器为佳；对民用特别是军用的飞行器，以可靠性好、灵敏度高、稳定性高为优化指标，则选择六旋翼飞行器为佳。选八旋翼不符合优化原则。

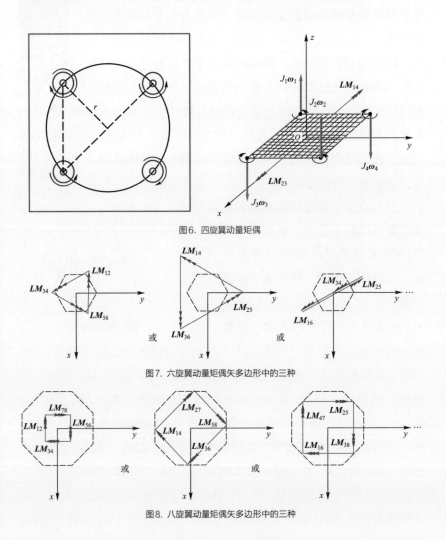

图6. 四旋翼动量矩偶

图7. 六旋翼动量矩偶矢多边形中的三种

图8. 八旋翼动量矩偶矢多边形中的三种

应用前景

  由于多旋翼飞行器结构轻巧、容易控制、升降方便、价格便宜等优点，目前在军事和民用领域已得到了初步应用。在军事上，可用于获取敌方情报、地面战场侦察、监视、近距离空中巡逻、电子战、地面通信等；在民用上，可用于搜救、巡逻、目标跟踪、地震后路段检查、河道污染检查、农田喷洒农药、快件空中传送、航拍、跨江挂输电线的导引线等，见视频4。

视频4. 跨江挂导引线

结合力螺旋概念，在多旋翼飞行器上装置一个"抓具"，就能实现在天花板上安装或拆卸螺旋灯泡，见视频5。也可以抓住篮球在空中进行投抛，用于篮球运动员日常训练，见视频6。

视频5. 多旋翼机装灯泡

多旋翼飞行器也存在一些问题。若任一个动力源出现故障（如烧毁或控制失灵），则整个系统就会失控。解决好这些问题，才能使多旋翼飞行器得到更广泛的应用。

视频6. 篮球训练

参考文献

1　贾玉红. 航空航天概论 [M]. 北京：北京

　　航空航天大学出版社，2013.

2　庄表中，金肖玲，王惠明. 动量矩偶

　　概念在多旋翼飞行器控制中的应用探

　　索 [C]//高校力学课程教学系列报告会，

　　2014论文集.

3　庄表中，王惠明，马景槐，李振华，魏

　　佳. 工程力学的应用、演示和实验 [M].

　　北京：高等教育出版社，2015.

4　刘延柱，庄表中. 多旋翼飞行器 [J]. 力

　　学与实践，2016，38：338–340.

9
展翅高飞——扑翼鹰玩具

能像鸟儿一样翱翔天际是人类很早就有的梦想，如今也早已实现了这个梦想。然而，人们所创造出的飞行机器以旋翼机和固定翼飞机为主，这与自然界鸟类（如鹰和燕子）和昆虫（如蜻蜓和蝗虫）的扑翼飞行是极为不同的。这里，我们就来介绍一种仿生扑翼鹰玩具。通过巧妙的机构设计，实现了基于单一动力源的双翅近同步扑击，从而实现扑翼飞行。

扑翼鹰玩具

扑翼鹰玩具如图1所示。它是由框架、两个四连杆机构、橡皮筋和翼翅构成的。拆除翼翅后的正视图和侧视图见图2，四连杆机构的正视示意图见图3。四连杆机构 *OABC* 和 *ODEF* 都由曲柄、连杆和摆杆组成。两摆杆 *CB* 和 *EF* 分别铰接于中心轴左右两侧，连杆 *DE* 及 *AB* 分别铰接在折杆 *OAD* 上的 *D* 点和 *A* 点，折杆 *OAD* 构成等边三角形。*OA* 和 *OD* 分别是两个四连杆机构的曲柄。四连杆和尾翼之间用一根轻质木条支撑，一根橡皮筋一端钩着轻质木条尾部，另一端钩在曲柄上。

图1. 扑翼鹰玩具

手摇曲柄，带动橡皮筋扭转到一定程度（30圈左右），倾斜向上投出（仰角约45度）。橡皮筋逐步松弛，带动曲柄旋转和摇杆摆动，附连于摇杆上的翼翅扑击，从而实现扑翼飞行，见视频1。

视频1. 扑翼鹰

图2. 拆除翼翅后的扑翼鹰

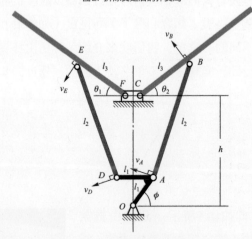

图3. 四连杆机构的正视示意图

机理分析

从能量转换角度来看，扑翼鹰的能量源自力矩作功，转动曲柄所作的功转化为橡皮筋的弹性应变能，橡皮筋弹性变形能释放转化为翼翅扑击和四连杆运动的动能。

这里重点分析两个四连杆机构摆杆运动的同步性。由两个四连杆机构的几何关系，可以得到左右翼翅与水平线的夹角（θ_1，θ_2）和曲柄与水平轴的转角（ϕ）之间的关系，分别如下：

$$\left(l_3\cos\theta_1 - l_1\cos\left(\frac{2}{3}\pi - \phi\right)\right)^2 + \left(h + l_3\sin\theta_1 - l_1\sin\left(\frac{2}{3}\pi - \phi\right)\right)^2 = l_2^2$$

$$\left(l_3\cos\theta_2 - l_1\cos\phi\right)^2 + \left(h + l_3\sin\theta_2 - l_1\sin\phi\right)^2 = l_2^2$$

各尺寸如图3所示，测量知该玩具的近似几何尺寸值为 $h = 5$ cm，$l_1 = 1$ cm，$l_2 = 6$ cm，$l_3 = 2.5$ cm。左右翼翅与水平方向的夹角（θ_1，θ_2）和曲柄与水平轴的转角（ϕ）的关系如图4所示。由图可知，θ_1，θ_2 随 ϕ 呈周期性变化，与扑击运动相似。两扑翼的角速度 $\omega_1\left(\dot{\theta}_1\right)$，$\omega_2\left(\dot{\theta}_2\right)$ 随曲柄角速度 $\dot{\phi}$ 和转角 ϕ 的变化关系可通过上式求导给出。无量纲扑翼角速度 $\omega_1/\dot{\phi}$，$\omega_2/\dot{\phi}$ 与 ϕ 的关系如图5所示，由图可见两扑翼角速度变化趋势一致。

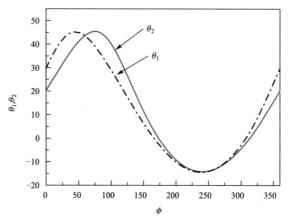

图4. 扑翼角 θ_1，θ_2 随曲柄转角 ϕ 的变化关系

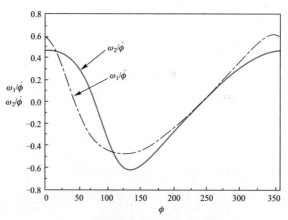

图5. 无量纲扑翼角速度 $\omega_1/\dot{\phi}$, $\omega_2/\dot{\phi}$ 与 ϕ 的关系

翼翅扑击，使翼下空气突然受到大面积的冲击分布力作用，扑翼鹰同时受空气层的反作用力（即升力）。当升力超过扑翼鹰的自重时，

扑翼鹰上升。角速度越大,扑击力越大,翼翅受升力也越大。两翼翅扑击不完全同步,扑翼鹰在空中盘旋。由于橡皮筋动力有限,因此应使玩具重量很轻,多采用轻质材料制作框架,如轻质木片、塑料泡沫等。

几点说明

上面介绍的仿生扑翼鹰是机械式的,如果将动力源替换为高速、无刷、直流电机,再结合控制系统,可以制成遥控电动仿生扑翼鹰,见图6和视频2。将之进一步完善,可制成小型飞鸟,在军事分界线上供单兵使用,从而实现侦察功能。

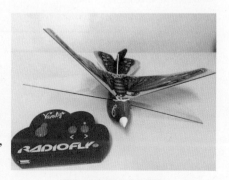

图6. 遥控电动仿生扑翼鹰

视频2. 齿轮传动扑翼机构

视频3. 风力仿生兽

机械式仿生扑翼鹰通过连杆机构实现了两个翼翅的近同步扑击,而在机械工程中,连杆机构有更加广泛的应用。例如,通过不同连杆机构运动的相位差可以实现行走。荷兰艺术家泰奥杨森创作的风力仿生兽就应用连杆机构实现了仿生兽的非同步步态,见图7和视频3。

图7. 风力仿生兽

参考文献

1 朱金生，凌云. 机械设计实用机构运动仿真图解[M].北京：电子工业出版社，2012.

2 庄表中，杨春宁，刘全军. 仿生扑翼机中力学原理的应用与分析[C]//高校力学课程教学系列报告会，2016年论文集.

3 费学博. 理论力学（第五版）[M]. 北京：高等教育出版社，2019.

10

有钱能使鬼推磨——鬼推磨玩具

中国文化博大精深，其中一部分在成语中得到了极好的体现，如画龙点睛、揠苗助长、投鼠忌器、瓮中捉鳖、下笔成章、一箭双雕、以卵击石等。然而，当这些成语向海外人士解释时，却因文化差异存在极大难度。鬼推磨玩具即为中国向世界各地一百多所孔子学院提供的一个教具，用来解释成语"有钱能使鬼推磨"。结合该玩具讲授这一成语，取得了很好的效果。

本节就来介绍这个鬼推磨玩具：投以硬币，小鬼听命。详述玩具的空间多刚体机构构成，以及基于弹性悬臂梁的触发机理。

安装与演示

视频1. 鬼推磨

该玩具仅需简单组装即可。底部装上三节5号电池，打开开关，并将一枚一元硬币从投币口投入，鬼模型就开始推磨，约一分钟后停止，如图1和视频1所示。再投入一元硬币，则又开始推磨了。投入的硬币可打开底盖取出。

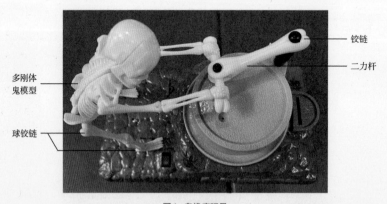

多刚体
鬼模型

球铰链

铰链

二力杆

图1. 鬼推磨玩具

机理分析

动力源与运动传递

鬼推磨玩具的动力源为直流电机，通过蜗轮蜗杆和齿轮减速系统驱动磨盘转动。直流电机和齿轮减速系统见图2和图3，以及视频2。

图2. 直流电机

"磨"通过空间曲柄连杆机构与多刚体"鬼"模型连接。曲柄与旋转的"磨"是一体的，摆杆在"鬼"的两手连杆上，连杆通过两个铰链将"磨"与"鬼"的手联系起来，"鬼"的两脚跟部装有球铰链，使小腿能在空间作灵活的定点运动。于是，"磨"的转动带动"鬼"往复摇动，尽管实质上是"磨推鬼"，但在表现上和"鬼推磨"是一模一样的。若人为地拔掉一个脚跟的球铰链，即解除了三个约束，系统增加三个自由度（见解除约束原理），运动时会增加多种姿态。

视频2. 鬼推磨传动系统

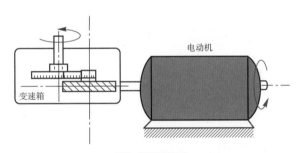

图3. 齿轮减速系统

触发开关

控制系统由一套二次开关控制。第一开关接通电源，第二开关启动玩具运动。第二开关是一根弹性悬臂梁，梁端受到丢入的硬币冲击，梁发生变形，从而触发开关。第二开关示意图如图4所示，弹性悬臂梁端点的挠度计算公式为：

$$\delta = \frac{Fl^3}{3EI}$$

式中，E 为材料的弹性模量，I 为截面惯性矩，l 为梁长。F 应理解为等效载荷，由静载荷和动荷系数共同确定，详见刘鸿文《材料力学》教材。此悬臂梁的刚度为：

$$K = \frac{F}{\delta} = \frac{3EI}{l^3}$$

由此可见，细长梁的刚度很小，一枚硬币的冲击足以引起显著的端部变形从而触发开关。

在设计时，使1元硬币的冲击作用导致的悬臂梁端点变形大于 Δ，从而触发开关启动玩具。通过电路设计，启动后在一分钟之后断开。若再要推磨，又需要再给钱，再次触发开关。

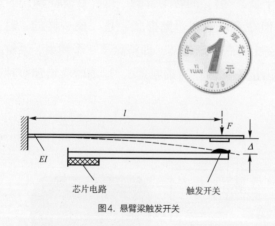

图4. 悬臂梁触发开关

空间机构的推广应用

鬼推磨玩具通过空间机构的合理设计，实现了预期的运动模式。空间机构在诸多领域具有广泛的应用，这里仅举几个有代表性的例子（图5—图8）。

例1. 假肢设计

由于每年均有上万起交通事故，残疾人数目众多。应用机构学设计的假肢日益先进，受到行动不便的残疾人士的欢迎。图5所示的几种假腿就是四连杆机构的应用，见视频3。

视频3. 四连杆在假肢中的应用

图5. 各种假腿

例2. 装载机

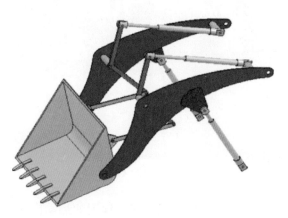

视频4. 装载机机构

图6. 装载机机构

10 有钱能使鬼推磨
　——鬼推磨玩具

例3. 智能食品加工

视频5. 食品
加工

图7. 做麻花机器的空间机构

例4. 集机构、动力学与智能控制技术于一体的机器人

视频6. 智能机
器人

图8. 波士顿动力机器人

参考文献

1　申永胜，机械原理教程[M]. 北京：清华
　　大学出版社，1998.

2　庄表中，王惠明. 随意平衡和"一个半
　　自由度"概念与应用[C]// 高校力学课程
　　教学系列报告会，2013论文集.

3　刘鸿文. 材料力学（第六版）[M]. 北京：
　　高等教育出版社，2017.

4　费学博. 理论力学（第五版）[M]. 北京：
　　高等教育出版社，2019.

11
天籁之音——八音琴

音乐的穿透力，穿越战场，直抵人心；
音乐的感染力，唤起心底的温柔，化解敌意；
音乐无国界，让音乐去穿透时空。

早在2500年前，希腊科学家毕达哥拉斯就开始了研究乐音的各种试验，图1就是最早的乐音科学研究。传说中的音乐之父尤巴拉和毕达哥拉斯同他们的学生一起研究了各种大小、形状和重量的钟、锤、弦和笛管等的声音。

现时代，对乐音的研究应用了声学和振动理论，并借助电子学、芯片技术和智能科学等手段，可对乐器的全部结构振动特性和

图1. 最早的关于乐音的研究

声学特性进行全面研究。对多种乐器音频研究表明，钢琴和八音琴发声最纯真，也就是对初学者最有益。

八音琴是一种古老的玩具，早在18世纪中叶的英国，就已应用于自鸣钟上。在收音机发明之前，一个小巧的盒子里能发出美妙的音乐，这实在是当时人们匪夷所思的事情。其实从力学上看，道理并不复杂，它不过是由一排不同参数的簧片振动引起的。而簧片（又称音键）是靠有规律地安排在一个匀速旋转滚筒上的凸点拨动的。此外，还需要一套动力（发条）和传动装置。读者看了下面的说明，也许能够自己制作一个八音琴！

八音琴玩具

八音琴是一种利用机械振动产生音乐的机械装置，包含机芯和外壳两部分，机芯置于外壳之内。它至少有基本乐音C、D、E、F、G、A、B、C^1八个音，故而得名。

图2所示为市面上的一种八音琴。用手拧发条后，八音琴持续不断地播放音乐，直至发条完全释放，见视频1。机芯的拆解如图3所示，主要包括底板、音筒、齿轮、蜗轮蜗杆、阻尼风叶和音片。音筒表面不规则排列一系列的钢针（或凸点）。音片形如梳子，但各音键几何参数各不相同。音片的一端通

图2. 八音琴

过螺丝固定于底板上。发条驱动音筒转动，音筒表面的凸点拨动音键振动发声，不同参数的音键发出的声音不同。音筒表面凸点的位置分布决定了乐曲的内容。按照不同的曲子设计音筒凸点分布（即谱曲设计），使音筒旋转时以特定的次序和时间间隔拨动音片上的特定音键，从而演奏出优美的乐曲。

视频1. 八音琴演奏

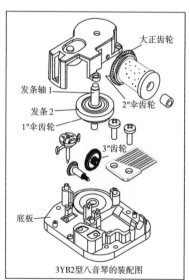

大正齿轮
发条轴1
$2''$伞齿轮
发条2
$1''$伞齿轮
$3''$齿轮
底板

3YB2型八音琴的装配图

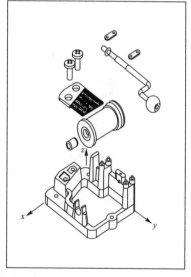

图3. 八音琴机芯零件图

八音琴的力学机理

从能量角度看，手拧发条时力偶作功，此功转变为弹性应变能储存于钢片弹簧（发条）中。弹性应变能逐步释放，转化为系统各零件的动能。音筒表面凸点按序激发不同音键，各音键作自由振动，激发空气波动发出声音。

八音琴设计的重点在于外壳尺寸选择和音键设计。八音琴外壳是按黄金分割的尺寸设计的，这种设计可将音乐放大到最佳音量。

八音琴的发音部件是音键，音键的质量就决定了乐曲的音质。因此，对音键的恰当设计是至关重要的。对各种乐器的研究表明，乐音均产生于振动体的振动。乐器上的振动体可按其形状与物理特征简化为弦、梁、膜和板壳等，相应地，其振动可区分为弦的弯曲振动、弦的摩擦自激振动、梁的弯曲振动、膜、板和壳的弯曲振动等，此外还有空气柱的振动。八音琴也不例外，乐音源于音键的弯曲振动，其设计受振动力学理论指导。

八音琴音键为细长结构且一端固定，可以简化为悬臂梁。根据其截面形式又可分为等截面梁和变截面梁。我们可由振动力学方法确定其一阶固有频率，而这个频率恰恰决定了乐音。

简化为等截面悬臂梁

截面尺寸处处相等的音键可简化为等截面悬臂梁，其横向弯曲自由振动方程可写为：

$$\rho_1 A \frac{\partial^2 y(x,t)}{\partial t^2} + EI \frac{\partial^4 y(x,t)}{\partial x^4} = 0 \tag{1}$$

式中，$y(x,t)$ 为音键中面 x 位置在 t 时刻的挠度，ρ_1 为梁的质量密度，A 为梁的横截面积，E 为梁材料的弹性模量，I 为截面惯性矩。应用分离变量法并结合悬臂梁的边界条件可知，此音键的一阶固有频率 ω_{n1} 计算公式为：

$$\omega_{n1} = 0.356 \frac{\pi^2}{l^2} \sqrt{\frac{EI}{\rho_1 A}} \tag{2}$$

简化为变截面悬臂梁

很多音键的截面尺寸并不是处处相等，而是发生变化的，如图4和图5所示。此类音键可简化为变截面梁。变截面梁的固有频率分析相对复杂一些，可以用有限元方法计算。有关不同形状的音键的固有频率计算，可见相关著作。

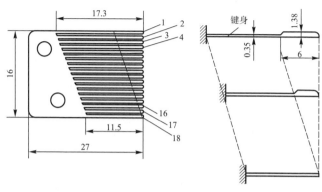

图4. 截面尺寸变化的音键

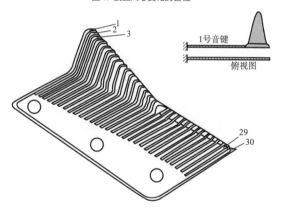

图5. 截面尺寸变化的音键（30键八音琴）

当音键头部的质量占音键总质量的40%以上时，可将音键简化为图6所示的单自由度振动系统。简化系统的运动微分方程为：

$$M_{eq}\ddot{x} + k_{eq}x = 0 \tag{3}$$

式中，M_{eq} 为等效质量，k_{eq} 为等效刚度系数，x 为等效质量块的位移。则固有频率 ω_n 的计算公式为：

$$\omega_n = \sqrt{\frac{k_{eq}}{M_{eq}}} \tag{4}$$

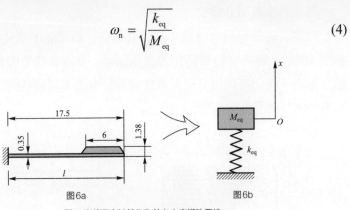

图6a   图6b

图6. 变截面音键简化为单自由度振动系统

各个乐音有其对应的频率，如表1所示。在音键的初步设计中，固有频率的相对误差要控制在10%左右，再经过精巧的粗、细加工后，相对误差应小于0.5%。只有这样，各音键才能发音纯真、音色优美。

表1. 音名、唱名与频率对照表

音名	C	D	E	F	G	A	B	C′
唱名	1 (do)	2 (re)	3 (mi)	4 (fa)	5 (sol)	6 (la)	7 (si)	i (do)
频率/ Hz	261.632	293.672	329.636	349.237	392.005	440.010	493.895	523.264

一点说明

视频2. 三种动力源的八音琴

目前，市面上有三种动力源的八音琴，即机械式、手摇式和电动式，见视频2。八音琴也有各种各样的造型，见图7—11，以及视频3—6。无论形式如何，八音琴在本质上都是一样的，其核心在于外壳设计以及音键的材料和尺寸设计，振动理论和声学技术在设计和测试校验的各个环节中均有重要应用。

第一篇
玩具中的力学

视频3. 舞蹈造型八音盒

视频4. 高级八音琴

视频5. 新型高级八音琴

视频6. 翡翠八音盒

图7. 女娃游戏造型八音盒　　　　图8. 舞蹈造型八音盒

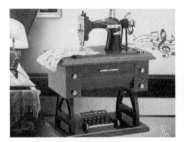

图9. 缝纫机造型八音盒

图10. 新型高级八音琴　　　　图11. 翡翠八音盒

参考文献

1 周大风. 欣赏音乐的知识和方法[M]. 北京：中国文联出版公司，1981.

2 庄表中，陈乃立，高瞻. 非线性随机振动理论与应用[M]. 杭州：浙江大学出版社，1986.

3 格·切德. 声音世界[M]. 北京：科学普及出版社，1987.

4 姜杰. 实用音乐知识[M]. 北京：北京日报出版社，1988.

5 庄表中，竺韵德. 八音琴机芯的噪声控制[J]. 环境技术，1995(3)：37–39.

6 竺韵德，白国辉，崔建忠，庄表中. 八音琴的设计与音片的振动[M]. 北京：新时代出版社，1996.

7 武际可. 音乐中的科学[M]. 北京：高等教育出版社，2012.

12
光影摇曳——烛光中的混沌

自电气时代以来，明火照明已被白炽灯、荧光灯及发光二极管（LED）取代。这些新型的照明工具具有能耗低、寿命长、亮度可调等优点，已经全面压倒并淘汰了明火照明技术。然而，不能否认，明火照明（特别是蜡烛）所营造的柔和与恬静的气氛仍深深地影响着人们的心性。

这里介绍一种节能烛光灯，其核心部件为一复摆。复摆顶端用含荧光粉的高分子材料制成以模拟"烛焰"，其底端受脉动力作用呈混沌运动。"烛焰"反射和透射灯光，光影摇曳。从而以电气化方式完美再现了蜡烛照明的效果。

节能烛光灯及内部结构

节能烛光灯玩具如图1a所示。安装电池并打开开关后，假焰火无序摆动，和真蜡烛一样的光影摇曳（见视频1），从远处看，甚至能达到以假乱真的效果。它

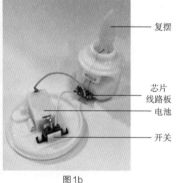

复摆

芯片
线路板
电池

开关

图1a   图1b

图1. 节能烛光灯及其内部结构. (1a): 烛光灯; (1b): 内部结构

可用于夜间的微照明或娱乐场所的亮灯。它节能、寿命长、有趣，深得人们喜爱。节能烛光灯内部结构如图1b所示，其中包括电池、开关、芯片线路板和复摆。

视频1. 烛光灯

节能烛光灯的工作原理

  节能烛光灯的工作原理如图2所示。电子线路由纽扣电池供电，尺寸为2 mm的振荡电路芯片（属第三代电子产品）产生脉动微电流$I(t)$，脉动微电流输入线圈产生脉动电磁场，从而在复摆端部的磁铁上产生脉动力$F(t)$。

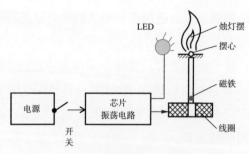

图2. 节能烛光灯的工作原理

  灯腔内悬吊一复摆，它绕摆心O摆动。复摆是用含有荧光粉的高分子材料制成的，形状成曲面，似烛焰。它被LED灯照射时会反射并透射灯光。复摆在作用于端部的脉动力作用下不规则振荡，反射和透射的灯光也呈现出无规律性。

  复摆的非线性振动

  复摆受端部脉动力的运动可描述为单自由度系统的受迫振动，其振动微分方程为：

$$J_O \ddot{\theta} + mgs \sin \theta = F(t) r$$

式中，J_O为复摆绕转动中心O的转动惯量，m为摆的质量，s为摆的重心到转动中心的距离，r为摆端点磁铁到转动中心的距离，θ为摆角。当θ不是很小时，此方程描述的是非线性系统的受迫振动。非线性振动系统有诸多奇异特征：1）其幅频特性不同于线性振动系统，曲线上有向右或向左弯曲现象，这种现象导致了在某一频率范围内振幅的多值特征，从而出现跳跃现象；2）其共振频率数目超过系统的自由度数目，相比线性系统会有更多的共振发生，如激励频率的三分之一次谐波共振和三倍于激励频率的超谐波共振；3）当非线性系统受到两个以上简谐干扰力作用时，会产生组合频率的振动，称为组合共振。更深入的讨论见非线性振动理论专著。这些特征在节能烛光灯玩具上有所表现。

非线性振动系统对初始值极为敏感，这种敏感性致使确定性的非线性系统的响应在长时间内不会重复、不可预测。这种随机性被称为动力学系统的内在随机性，即混沌。模仿烛焰的复摆振动有混沌特征，LED灯光照射到复摆曲面上，因此其反射光和透射光的亮度和射向等均有随机性，故也可以称为光混沌。

相关应用

图3所示为一摇摆器，其工作原理见图4。图4与图2的区别在振荡线路板上。这里用的是集成电路板，由三极管、电阻、电容等组成。因此，尺寸大、耗电大、寿命短、成本高。此摆也是单自由度非线性振动系统，其振动特性与节能烛光灯相同。见视频2、3。

图3. 摇摆器

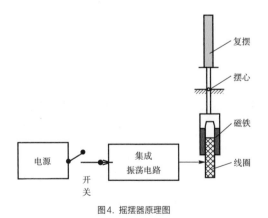

图4. 摇摆器原理图

视频2. 摇摆器

视频3. 太阳能摇摆器

图5所示为一模仿体操运动员的玩具。给此系统一个初始摆角或初始角速度，运动员手握单杠，会做各种动作，视觉上看不出有任何规律，见视频4。其运动从不重复，有时能连续翻转几圈，甚至几十圈。其力学模型见图6，可描述为三自由度复摆，翻转运动为多自由度非线性系统受迫振动，必然出现混沌。

视频4. 体操运动员

图5. 体操运动员玩具

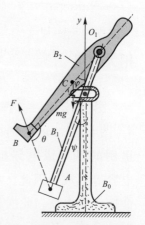

图6. 体操运动员玩具的力学模型

混沌现象是近几十年来各国科学家均在关注和研究的课题，已在生物肌肉、多向搅拌器及洗衣机等方面取得了丰硕的研究成果。

参考文献

1　庄表中，陈乃立，高瞻. 非线性随机振动理论及应用[M]. 杭州：浙江大学出版社，1986.

2　Strogatz S H. Nonlinear Dynamics and Chaos with Applications to Physics, Biology, Chemistry and Engineering[M]. Cambridge: Westview, 1994.

3　Nayfeh A H. Mook D T. Nonlinear Oscillations[M]. New Jersey: John Wiley & Sons, INC., 1995.

4　庄表中，李欣业，徐铭陶. 工程动力学——振动与控制（DVD）[M].北京：机械工业出版社，2010.

5　刘延柱. 趣味刚体动力学（第二版）[M]. 北京：高等教育出版社，2018.

13

组合奇迹——神奇万花尺

本节介绍一种被称为多功能万花尺的玩具。仅仅一个大内齿轮、几个带孔的小外齿轮和几支不同颜色的笔，就能够创造出千变万化的美丽图案。可以说，多功能万花尺是创造花儿的工具，是数学智慧的结晶，充分体现了组合的巨大力量。

多功能万花尺操作

市面上的两种多功能万花尺如图1和图2所示，图2具有乌龟和兔子的造型，因此也被称为神奇龟兔画板。多功能万花尺是由大内齿轮和五个小外齿轮组成的，小外齿轮上分布有一系列的小孔。用手按住一个小外齿轮，使另一个小外齿轮与之外啮合；或者用手按住大内齿轮，使小外齿轮与之内啮合；将笔插入小孔，

图1. 万花尺

图2. 兔龟画板

视频1. 万花尺表演

随着小外齿轮的运动，笔尖就绘制出美丽的图案，见视频1。

多功能万花尺的运动学分析

小外齿轮在固定齿轮上纯滚动，作刚体平面运动。其上不同的孔

运动不同，有不同的轨迹。将笔插入不同的小孔画出的轨迹也不同。

两个小外齿轮外啮合

小外齿轮在另一个固定的小外齿轮上纯滚动的情形见图3和视频2。有一种万花尺的5个小外齿轮上分别有8、18、20、25和27个小孔。轮换固定齿轮、运动齿轮和小孔，可以得到的曲线条数计算如下：

$$18 + 8 + 25 + 27 = 78$$
$$20 + 18 + 8 + 27 = 73$$
$$25 + 20 + 18 + 8 = 71$$
$$18 + 27 + 25 + 20 = 90$$
$$+) \quad 8 + 27 + 25 + 20 = 80$$

$$392 种$$

单色的曲线就有392种，若用多种色彩，就能创造出千万种图案，这也就是人们将其称为万花尺的原因。

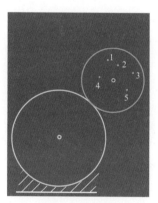

图3. 两个齿轮外啮合

视频2. 齿轮外啮合

小外齿轮和大内齿轮内啮合

一个小外齿轮在大内齿轮内纯滚动的情形见图4和视频3。五个小外齿轮上共有98个孔。若用黑笔插入各个小孔中，分别可画出98条不同的黑色曲线。再用红色笔插入各个小孔同样可画出98条不同的红色曲线。把上述

视频3. 齿轮内啮合

两种不同颜色的曲线两两组合共有98×97＝9506种不同的双色图案。两种代表性图案见图5所示。

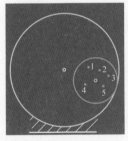

图4. 两个齿轮内啮合

图5. 两种代表性图案

若再用黄、蓝两色分别插入各个小孔去画、去两两叠合，则按照排列组合方法可算出四色（红、蓝、黄、黑）图案共有 $98 \times 97 \times 96 \times 95 = 8.67 \times 10^7$ 种。

可以运用刚体平面运动的知识，写出各齿轮的各孔的轨迹方程，据此开发软件，为纺织业花纹图形设计提供技术支持，这深受图案设计者的欢迎。

刚体平面运动举例

刚体平面运动在各个领域有广泛的应用，以下仅举几例（图6—8）。

例1. 行星齿轮

视频4. 行星
齿轮

图6. 行星齿轮

76

例2. 凸轮机构

视频5. 凸轮机构

图7. 凸轮机构

例3. 耕作机构

视频6. 耕作机构

图8. 耕作机构

参考文献

1　申永胜. 机械原理教程[M]. 北京：清华
　　大学出版社，1998.

2　费学博. 理论力学（第五版）[M]. 北京：
　　高等教育出版社，2019.

14
旋转的舞女——奇妙的陀螺玩具

陀螺玩具伴随着一代代人的童年。经过匠工的巧思琢磨，历经时代的演变、科技的改良，从最初的传统木制陀螺演变到现在不同材质与不同形状的各式各样的陀螺。传统的木制陀螺，用绳子缠绕并将其快速抛出从而启动转动，用绳子抽打使之持续稳定地转动。新型的陀螺包括弹发式启动的陀螺、发条齿轮启动的陀螺，电动机启动的陀螺及指尖陀螺等，见图1。

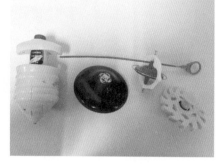

图1. 新型陀螺

这里，我们就来介绍一款奇妙的陀螺玩具，陈述其千变万化的玩法，并着重论述这些玩法所依赖的陀螺最重要的性质——定向性。

奇妙的陀螺玩具

该款奇妙的陀螺玩具如图2所示，由陀螺和一根齿条组成。陀螺由一个空间框架及一个带齿轮的飞轮构

神奇玩具不倒不掉

齿轮

齿条

图2. 奇妙的陀螺玩具

成（见图3a），飞轮和框架之间用轴承连接，框架的一端是圆形凹面（见图3b），另一端是带槽的圆球（见图3c）。圆形凹面朝下放置在桌

面上，陀螺能静止平衡（见图4），而圆球端朝下放置则不行。

图3a　　　　　　　　图3b　　　　　　　　图3c

图3.陀螺组件.(3a): 飞轮与框架; (3b): 圆形凹面; (3c): 带槽圆球

图4. 圆形凹面朝下静止平衡

　　用齿条拉动齿轮，启动飞轮高速旋转，陀螺以带槽圆球接触桌面也能不倒下，如图5所示。飞轮启动后，外框开始同向旋转，且转速增大；随着飞轮转速下降，稳定性逐步丧失直至倒下。除此之外，还可以有各种奇妙的运动，如惊险站立（图6和视频1）、金鸡独立（图7和视频2）、铤而走险（图8和视频3）、上下盘旋（图9和视频4），此外还有倒挂金钩、有惊无险、柳裙劲舞等多种花样的玩法。其要领是：必须使飞轮高速旋转，否则某些玩法无法实现。

视频1. 惊险站立

图5. 带槽圆球接触桌面的动态平衡　　　　　图6. 惊险站立

图7. 金鸡独立　　　　　　图8. 铤而走险　　　　　　图9. 上下盘旋

视频2. 金鸡
独立　　　　　　视频3. 铤而
　　　　　　　走险　　　　　　视频4. 上下
　　　　　　　　　　　　　盘旋

力学机理分析

在图5的情况中，由于飞轮与框架之间的摩擦，飞轮绕竖直轴的高速旋转带动框架同步旋转。同时，摩擦作用使飞轮转速变慢。由于框架的质量较轻，转动惯量较小，并且其角速度远小于飞轮角速度，因此可忽略框架对桌面接触点 O 的动量矩。根据对固定点的动量矩定理，我们有：

$$\frac{\mathrm{d}\boldsymbol{L}_O}{\mathrm{d}t} = \boldsymbol{M}$$

式中，$\boldsymbol{L}_O$ 为飞轮对接触点的动量矩，$\boldsymbol{M}$ 为外力系对该点的主矩。由于转轴竖直且通过飞轮质心，所以外力系主矩为零，系统动量矩守恒。因此，转轴方向保持不变，这就是陀螺所具有的定向性。类似的解释同样适用于图6所示情形。

在图7所示的金鸡独立表演中，陀螺中心轴与竖直线有一定夹角。此时重力对固定支撑点的力矩不为零，根据对固定点的动量矩定理知：陀螺对固定点的动量矩随时间变化，陀螺中心轴围绕竖直轴作锥形运动，其角速度矢量用 $\boldsymbol{\omega}$，且满足 $\boldsymbol{\omega} \times \boldsymbol{L}_O = \boldsymbol{M}$。陀螺一边绕自身轴自转，一边绕竖直轴进动，不发生倾倒。陀螺反针向自转，反针向进动；顺针向自转，顺针向进动。图8所示链而走险表演与之类似。

图9所示的上下盘旋表演，中心轴上的某点固定不动，仍是定点运动，同样可以用对固定点的动量矩定理来解释。

推广应用

视频5. 机器人用陀螺

科学家根据陀螺独特的力学特性研发了陀螺仪。陀螺仪在开始工作时要给它一个力，使它快速旋转起来，旋转轴所指的方向在没有足够大的外力干扰时不会改变，它可以保持这种转动的状态。陀螺仪被广泛应用于科研和军事等领域，见视频5。

参考文献

1　Klein F, Sommerfeld A. The Theory of the Top [M]. Boston: Birkhauser, 2008.

2　贾书惠. 漫话动力学[M]. 北京：高等教育出版社，2010.

3　哈尔滨工业大学理论力学教研室. 理论力学（第八版）[M]. 北京：高等教育出版社，2016.

4　刘延柱,杨晓东.藏在手机里的微型陀螺仪[J].力学与实践，2017，39：506-508.

14 旋转的舞女
—— 奇妙的陀螺玩具

15

创新无止境——演进的活力板车

本节从滑板的发明开始谈起，介绍活力板车的诞生以及其款式的不断演进。透过小小活力板车的前世今生，我们能受到无止境创新的鼓舞，从而在产品革新的道路上无畏前行。

滑板的发明

20世纪50年代后期，美国南加州海滩的居民们发明了一种简单的运动器械，如图1所示。将一块木板固定在铁轮子上，人站在木板上用脚蹬地可以快速向前滑行。经过人们不断改进后的滑板不仅能向前直滑，而且能急速转弯，还能越过障碍，能在陆地上体会类似海上冲浪的快感。到了20世纪70年代，被比喻为陆上冲浪的滑板运动已经风靡全美国。

图1. 滑板运动

活力板车的诞生

20世纪80年代人们又改进了滑板。板面分为两部分，中间用轴连接，前后板可绕水平连接轴作相对转动，这样的新产品被称为活力板车。这种款式的活力板车，能依靠运动员身体的摆动和扭动产生前进的动力并操控方向，相当于双脱手骑自行车一样，见图2和视频1。其受力分析见图3所示。

视频1. 活力板车

图2. 活力板车

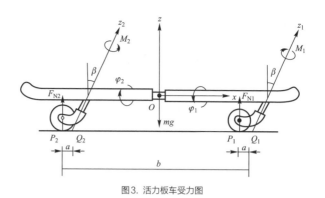

图3. 活力板车受力图

活力板车款式在发展

活力板车流传到中国后，人们在使用时想到，把站着的人改为坐着，两脚前后摆动也可以产生前进的动力并操控方向，见图4和视频2。另外，还有一种将单板改为双板，通过双脚左右摆动行进的新款活力板车，见图5和视频3。

视频2. 坐式活力板车

视频3. 新款活力板车

图4. 坐式活力板车　　　　图5. 新款活力板车

此后，随着市场的扩大，活力板车又出现了新的款式。除了方向可控外，加上了刹车系统，更便于小孩操作并更加安全，见图6和图7所示，以及视频4和5。

视频4. 有方向舵的活力板车

视频5. 有刹车的活力板车

图6. 有方向舵的活力板车　　　　图7. 有刹车的活力板车

参考文献

1　哈尔滨工业大学理论力学教研室. 理论力学（第八版）[M]. 北京：高等教育出版社，2016.

2　刘延柱. 趣味刚体动力学（第二版）[M]. 北京：高等教育出版社，2018.

15 创新无止境
——演进的活力板车

第二篇

魔术中的力学

引言

好奇心是人的天性。对不能理解的事物抱有的好奇心，以及随之而来的执着追求，创造了人类文明的奇迹。可以说好奇心是人类文明从诞生到走向繁荣的根本驱动力。科学为好奇心所驱使，而魔术以好奇心为依托，二者息息相关。科学更像是解密，解开自然界魔法的谜题；而魔术更像是加密，人为创造出谜题。自然界的魔法驱动科学的发展，而科学新成果又指导人们进行魔术设计与创新。

不可否认，魔术表演多依赖于暗箱操作手法。例如图1所示的魔术盒表演，拉开抽屉是空的，将盒身背离操作者自身所在方向倾斜旋转一圈后再拉开抽屉，可见

图1a

图1b

图1. 魔术盒.（1a）：第一次拉开；（1b）：第二次拉开

柔软的花儿。这是因为魔术盒内部设置了夹层的缘故。

而这里关注的是魔术中所隐藏的科技力量。我们精选十个与基础力学密切相关的魔术，阐述表演过程，介绍其道具，并详尽剖析其力

视频1. 魔术盒表演

学原理，提供基本力学原理的巧妙利用的范例。魔术解密不是目的，我们寄望学子们能意识到基础就是王道，简单原理的匠心独运就能创造非凡；我们寄望结合魔术的基础力学教学能增强学生们的好奇心，并能主动运用所学知识去解密自然这个大魔法。

1

于平凡中展非凡——银光流溢的魔术环

　　魔术环是一个玩具，因为它并没有隐于背后、不为人见的操作；魔术环是一个魔术，因为它奇幻迭出，银光流溢，如梦幻般美轮美奂。让我们以这个魔术玩具开始，起到上承玩具篇、下启魔术篇之功。

　　它看上去很不起眼，就是盘绕成一叠的一根钢带；但在微扰下能迅即展开作灯笼状，并能缠绕手臂自如流转。这一切都源于巧妙的缠结和预应力设计，源于对力学理论的深刻理解和极强的实践能力。同时，它也启示了将预应力技术与可展开、可折叠技术相结合的诱人前景。就让我们用心来体会这个看似平凡的物事如何展现其非凡的魅力。

魔术环操作演示

　　2010年，魔术环在美国加州面世，并迅速风靡全球。乍一看，它极不起眼，就是一根细长钢环，缠绕在一起形成图1所示的一叠；但它却有多种玩法，并各具其趣味。总的来说，这些玩法可分为两大类：展开与折叠（从折叠态到展开态，一触即发）；流动（顺势而下，银光流溢）。以下分别阐述这些玩法的操作过程。

图1. 平置于桌面上的魔术环

展开操作

　　微扰平置于桌面或手掌中的魔术环，魔术环迅即展开。微扰可

视频1. 展开过程（上抛或下丢）　视频2. 展开过程（手指上提）

包括但不限于：平置于手掌中上抛或下丢（图2a所示）；平置于桌面，用手指轻轻上提一圈或几圈（图2b所示）；平置于桌面，用手快速击打桌面（图2c所示）。三类微扰作用下的展

开过程分别见于视频1、视频2和视频3。将魔术环阵列式排列于桌面上，在桌面振动作用下同步迅速展开，极具视觉冲击感，见视频4。

视频3. 展开过程（击打桌面）

　　用手辅助魔术环竖直放置于桌面（如图3所示），释放后自发地迅即展开，并沿对称轴旋转90度后立于桌面。竖直放置下的自展开过程见视频5。

视频4. 阵列式展开过程（桌面振动）

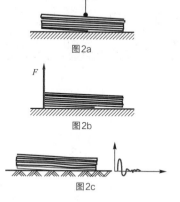

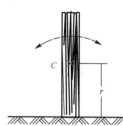

视频5. 竖直放置下的自展开过程

图2. 三种典型微扰.(2a):上抛或下丢;
(2b):手指上提;(2c):桌面振动

图3. 用手辅助下的竖直放置魔术环

完全展开结构呈灯笼状，极富对称美，如图4所示。

图4. 完全展开态的魔术环

1 于平凡中展非凡
—— 银光流溢的魔术环

折叠操作

视频6. 折叠过程

呈完全展开态的魔术环在竖直方向具有相当的承载能力。将之平置于一手，另一手压于上部，边压边旋转，魔术环逐步折叠，折叠到一定程度后将发生自发折叠，迅速达到完全折叠态，如图5所示，操作过程见视频6。

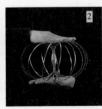

图5. 魔术环折叠过程

流动操作

视频7. 流动的魔术环

将完全折叠状态的魔术环套在手臂或非光滑细长构件上，在微扰作用下魔术环不完全展开并附连于手臂或细长构件上。高举手臂或使细长构件一端高一端低，魔术环将自高处向低处运动，同时伴有旋转运动和平移运动，如图6所示。在光的作用下，光洁环面银光流溢，美轮美奂，恰似一个流动的水泡，见于视频7。

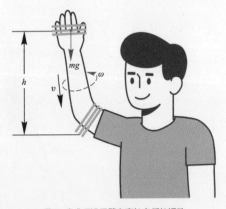

图6. 魔术环沿手臂自高处向低处运动

魔术环可用于舞蹈表演中，其流动运动可取得更强的视觉效果。可采用的队形包括但不限于：直立队形、三人轴对称队形和六人轴对称队形等，如图7所示。

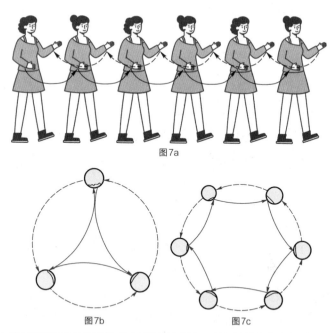

图7a

图7b   图7c

图7. 流动的魔术环用于舞蹈表演. (7a): 直立队形; (7b): 三人轴对称队形; (7c): 六人轴对称队形

魔术环的构成

将细钢带冷轧拉伸制成螺旋圈，如图8所示。螺旋圈钢带宽度 $a = 3$ mm，厚度 $b = 0.68$ mm，在自然状态下，圈半径 $R_0 = 6.95$ cm，螺距为 $\delta = 4.2$ cm，共12.6圈，总长度 $L = 550.2$ cm。该细长结构刚度极小，在重力作用下即有半数以上螺旋圈合拢，如图9所示。经交叉缠绕数圈、头尾点焊就得到了魔术环。完全折叠状态的魔术环可近似看作由15个完整的弯曲圆环构成，环半径 $R_1 = 5.84$ cm；完全展开状态的魔术环可近似看作由14个完整弯曲圆环构成，各圆环略有扭曲，环半径 $R_2 = 6.25$ cm。

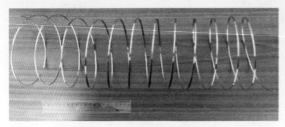
图8. 自然状态下的螺旋圈

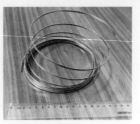
图9. 重力作用下，螺旋圈
半数以上合拢

魔术环中的力学原理

魔术环的展开、折叠和流动过程，均可由力学原理完美描述。流动过程涉及较复杂的近似处理及刚体动力学理论，这里略去不谈，感兴趣的读者可参见刘延柱教授发表于《力学与实践》的论文。对展开和折叠过程的研究则从系统的应变能和重力势能入手。

注意到，完全折叠状态和完全展开状态的环半径均不同于自然状态的圈半径，因此必有预应力存储其中。完全折叠状态的魔术环发生纯弯曲变形，计算应变能时，可视为15个完整的标准圆环。沿圆环线单位长度的弯曲应变能（即弯曲应变能线密度）为 $EI\tilde{\kappa}_2^2/2$，式中，钢带弹性模量 $E = 210\,\mathrm{GPa}$，截面惯性矩 $I = ab^3/12$，曲率变化量 $\tilde{\kappa}_1 = 1/R_1 - 1/R_0$。折叠状态魔术环储存的弯曲应变能为：

$$V_{1(弯曲)} = \frac{1}{2}EI\tilde{\kappa}_1^2 \times \left(2\pi R_1 \times 15\right) = 0.340\,\mathrm{J}$$

完全展开状态的魔术环发生弯扭组合变形，计算弯曲应变能时，可视为14个完整的标准圆环。沿圆环线单位长度的弯曲应变能为 $EI\tilde{\kappa}_2^2/2$，式中，曲率变化量 $\tilde{\kappa}_2 = 1/R_2 - 1/R_0$。完全展开状态的魔术环储存的弯曲应变能为：

$$V_{2(弯曲)} = \frac{1}{2}EI\tilde{\kappa}_2^2 \times \left(2\pi R_2 \times 14\right) = 0.118\,\mathrm{J}$$

依据封闭曲杆的拓扑学知识知：匝数减1则扭转数加1。因此，该封闭钢带在完全展开状态下发生了转角为 $\varphi_2 = 2\pi$ 的扭转。完全展开状态下储存于其中的扭转应变能为：

$$V_{2(\text{扭转})} = \frac{\varphi_2{}^2 GI_t}{2 \times (2\pi R_2 \times 14)} = 0.078 \text{ J}$$

式中剪切弹性模量 $G = 80.7$ GPa，$I_t = \beta ab^3$，$\beta = 0.285$ 为截面形状因数，由截面尺寸比确定。

　　魔术环由细长结构缠绕而成，弯曲和扭转变形占据主导地位，拉伸变形可忽略不计。分别量测自由、折叠和展开三种状态下的轴线长度，它们几乎相同，这支持了轴向变形可忽略的论断。因此，完全折叠状态的总应变能即为弯曲应变能：$V_{1(\text{总})} = V_{1(\text{弯曲})} = 0.340$ J；完全展开状态的总应变能为弯曲应变能和扭转应变能之和，即：$V_{2(\text{总})} = V_{2(\text{弯曲})} + V_{2(\text{扭转})} = 0.196$ J。完全折叠状态的总应变能大于完全展开状态的总应变能。并且，在展开过程中总应变能单调下降，如图10所示。

　　依据极小势能原理，系统将停留于势能极值状态。因此，魔术环不能自然地处于完全折叠状态。在无重力环境中，或在竖直状态下（如图3所示），它将自发地展开，直至完全展开态。

　　平置于桌面的魔术环重心位于其几何中心，在展开过程中，重力势能随重心的上升而单调线性增大，如图11所示。以完全折叠态魔术环的几何中心为零重力势能位置，展开过程中的重力势能表示为：

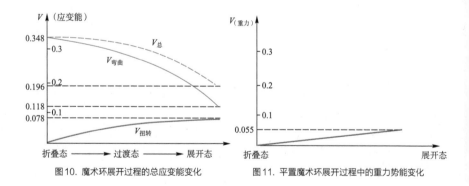

图10. 魔术环展开过程的总应变能变化　　　　图11. 平置魔术环展开过程中的重力势能变化

$V_{mg} = mg \times h$，其中 $m = 87.5$ g 为魔术环质量，h 为其重心高度。由测量知，完全展开态的重心高度为 $h_{max} = 6.45$ cm，因此完全展开态的重力势能为：

$$V_{2(mg)} = mg \times h_{max} = 0.055 \text{ J}$$

对平置于桌面上的魔术环，其总势能为应变能和重力势能之和，如图 12 所示。应变能曲线在初始展开阶段的负斜率很小，之后负斜率逐渐增大；而重力势能曲线斜率为正且始终保持一致。因此，总势能曲线将呈现出图示的特殊形状，即在某中间位置出现势能峰值，而在折叠态和完全展开态都为势能低点。由极小势能原理知，魔术环能保持在完全折叠态和完全展开态。注意到，势能峰值比完全折叠态势能只高出一点点，因此在外界扰动下可能发生状态跳转。又由于完全折叠态能量高于完全展开态，因此跳转通常从完全折叠态跃入完全展开态。要将魔术环从完全展开态折回到完全折叠态，需要外界输入能量。用手边压边旋转，系统能量提升，一旦越过势能峰值点，则魔术环自发折叠，直至完全折叠态。

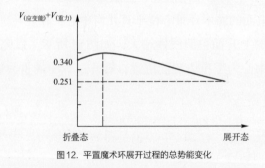

图 12. 平置魔术环展开过程的总势能变化

至此，我们通过势能分析完整解释了魔术环的展开和折叠过程。

几点讨论

魔术环是可展开、可折叠结构。可展开、可折叠结构起源极早。以可折叠伞为例，相传在战国时代由鲁班之妹发明，从而以"移动

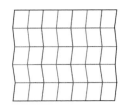

图13. 三浦折叠技术的折痕图及部分展开状态

的亭子"之利战胜了鲁班鬼斧神工的避雨亭。可展开、可折叠结构由于其收纳运输便捷等优点，在当代取得了极为广泛的应用，小到野外帐篷，大到太阳能帆板。特别是在折纸艺术基础上发展出的折纸技术，更是将可折叠、可展开结构的优势发挥到了极致。图13给出了著名的三浦折叠技术的折痕图及部分展开状态。展开过程见视频8，由极小面积的完全折叠态展开为极大面积的完全展开态。

视频8. 三浦折叠的展开过程

特别值得指出的是：可展开、可折叠结构沿着同一路径展开和折叠，因此容易展开也同时意味着容易折叠，这就使此类结构在展开方向上承载能力极差。受Miura折纸技术启发，学者们通过引入单边约束，设计了精巧的单路径展开、双路径折叠结构，如图14所示。该结构极易展开，并在展开方向具有极强的承载能力；欲将之折回，则只需施加力偶即可，见于视频9。介入单边约束的思想，为可折叠、可展开结构的多路径设计提供了可借鉴的途径。

视频9. 单路径展开双路径折叠结构

坍塌状态（俯视图）

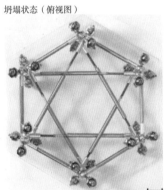

展开状态（侧视图）

坍塌状态（侧视图）

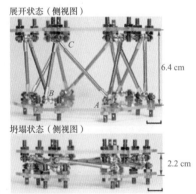

图14. 单路径展开双路径折叠结构

魔术环是预应力结构。预应力设计是天才的创意。在传统的土木工程领域，预应力混凝土结构占据着核心地位。而在现代柔性电子技

1 于平凡中展非凡
——银光流溢的魔术环

术领域，软基硬膜之预应力设计使电子器件具有了优异的可延展性能。

　　魔术环是具有预应力的可展开、可折叠结构。它深刻地启示着：将预应力和可展开、可折叠技术巧妙结合，必能在当代科学技术领域（特别是机械超材料等领域）大展宏图。

　　魔术环是如此的简单，又是如此的美。而简单和美恰是科学所追求的终极目标。它只是一根细长钢带（材料），只是简单缠绕（工艺），经由力学之妙手（科学），却创造出了魔幻般的美（艺术），称之为鬼斧神工也不为过吧。而在其中，力学理论恰是那点石成金的神之一手。

参考文献

1 林同炎，斯多台斯伯利 S D. 结构概念
   和体系[M]. 北京：中国建筑工业出版社，
   1999.

2 刘鸿文. 材料力学（第六版）[M]. 北京：
   高等教育出版社，2017.

3 Zhai Z R, Wang Y, Jiang H Q. Origami-
   inspired, on-demand deployable and
   collapsible mechanical metamaterials with
   tunable stiffness[J]. PNAS, 2018, 115 (9):
   2032–2037.

4 朱海东，高健，庄表中. 流动环的力学
   分析 [J]. 力学与实践，2019，41 (1): 43–
   44.

5 费学博. 理论力学（第五版）[M]. 北京：
   高等教育出版社，2019.

6 刘延柱，张伟伟[J]. 流动环现象的动力
   学分析. 力学与实践，2019，41（6）：
   649–652.

101

2

喜结良缘——环与链的奇妙结合

一根链子和一个圆环。将链子纳入圆环，圆环释放后必应声落地。然而，在魔术师手中，圆环却神奇地被链子套住了！链子和圆环恰如男孩和女孩，如果有缘，即使互不相交，也能紧紧相连。这样，这个环与链套结的魔术也就有了一个诗意的名字：喜结良缘。而魔术师恰似那月下老人，经由不经意间的灵犀一指（冲击或限制），使女孩回眸一顾（圆环翻转），牵动二人携手相牵（环链套结）。

喜结良缘魔术表演

视频1. 喜结良缘表演

此魔术只需一个小圆环和一根链子。表演者一手撑起链子，另一手将圆环自下而上套在链子外，如图1a所示；上下移动圆环以示链子无法套住圆环；突然释放圆环后，链子瞬间套住圆环，如图1b所示。表演过程见视频1。

图1a　　　　　　　　　图1b

图1. 喜结良缘魔术表演

喜结良缘魔术揭秘及力学原理

喜结良缘魔术的核心是：使圆环在下落之初获得一个大的角速度，

从而完成打结。主要有两种操作手法，它们应用了不同的力学原理。我们分别介绍如下。

第一种操作

左手套上链条，拇指和食指分开距离比圆环的直径略大，右手拿着圆环，如图2a所示。右手的大拇指和食指拿住圆环的直径外圈，中指弯曲，与圆环相距高度为h_1，如图2b所示。将右手的大拇指和食指向两边松开，圆环下落。跌落过程分为三个阶段，下面对三个阶段进行分析，其分析图见图2a。

第1阶段：圆环自由地平动下落，下落距离为h_1（约1.5~3 cm）；

第2阶段：圆环与中指凸出的小关节发生瞬间碰撞，因作用时间极短，碰撞过程中圆环的位移忽略不计。中指小关节对圆环质心的冲量矩为$S \times D/2$，其中S为冲量，D为圆环的平均直径。根据对质心的动量矩定理，碰撞结束时刻圆环的动量矩为$J_y \omega_{y0} = S \times D/2$，其中，$J_y = m\left(\dfrac{D^2}{4} + \dfrac{5r^2}{4}\right)$是圆环绕水平直径轴的转动惯量，$m$为圆环质量，$r$为圆环线径。圆环在第三阶段开始时刻的角速度$\omega_{y0} = \dfrac{SD}{2J_y}$。

第3阶段：有初角速度的圆环在下落的同时会旋转100°左右，从而完成与铁链的套结。

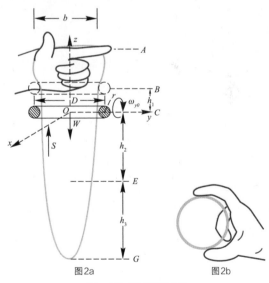

图2a　　　　　　　　　图2b

图2. 操作手势及过程分段

整个跌落过程的四个关键位置如图3所示。

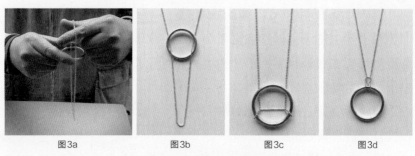

图3a　　　　　图3b　　　　　图3c　　　　　图3d

图3. 跌落过程的四个关键位置

视频2. 大直径环

视频3. 细长链子

视频4. 不同规格的环和链

若第3阶段开始时刻的初角速度不够大，将不能在脱出链子前完成100°左右角位移，从而不能完成打结。所以冲量S要合适，即中指与圆环的距离h_1要恰当。此外，各种圆环质量、直径、链条长度、摩擦因数等参数的选择要合适，才能按上述方法成功地表演。不同规格的环和链如图4所示，操作表演见视频2—4。

图4. 不同规格的环和链

第二种操作

第二种方法操作更容易，初学者成功率很大，见视频5。其操作如下：左手取链条，张开距离略大于环的直径，见图5a；右手食指

视频5. 第二种操作

与中指无缝地夹紧，与大拇指一起水平地拿住圆环，见图5b；右手拿住的圆环，自下而上套入链条，并要求右手食指与链条平行且对称（见图5c），右手大拇指往左松开，圆环下落。

右手大拇指松开后，圆环受到中指限制，在重力作用下绕支撑点转动。由刚体转动方程可知，重力矩 M 使圆环产生角加速度 $\varepsilon = M/J$（J 为圆环对转轴的转动惯量），进而获得了足够大的角速度 ω_{y0}。圆环左旋下落，顺势转了100°左右，实现了圆环与链子打结，耗时约0.12 s。

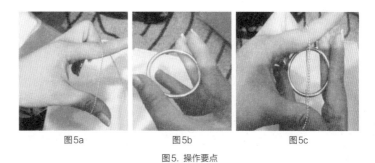

图5a   图5b   图5c

图5. 操作要点

2 喜结良缘
——环与链的奇妙结合

参考文献

1　王惠明，庄表中，费学博. 一个魔术的
　　动力学分析——铁环与铁链套结过程[J].
　　力学与实践，2009，31（3）：108–109.

2　费学博. 理论力学（第五版）[M]. 北京：
　　高等教育出版社，2019.

3

三口之家——双环与链条

双环与链条套结的魔术是单环与链条套结魔术的直接发展,二者原理无殊,而增加的圆环使表演结果更丰富。通过对并置双环错位量的不经意改变,魔术师能表演出一环被链套结、一环沿链滑移以及两环同时被链条套结两种完全不同的结果。喜结良缘的环与链,一旦诞下子嗣,追求环的链就退化为另一个环,而子嗣则取代了链的位置,这样的三口之家就以子嗣为纽带联系在一起。若两环心意相通(错位量小),则被链条紧紧缠结(双环被套结)。

双环与链条缠结魔术

图1. 双环与链条缠结魔术

将两圆环并置,像喜结良缘魔术一样将圆环套在链条外,之后释放圆环。仅仅通过两圆环所处的高度和错位的差异,就能实现多种不同的结果,见图1和视频1。以下,我们给出对这些结果的描述和解释。

圆环的主要参数如图2所示。

视频1. 双环与链条缠结魔术

圆环1置于圆环2之下,叠合放置。Oy为圆环1的对称轴,$O'y'$为圆环2的对称轴。圆环1与中指突出的小关节的距离记为h_1,两环中心轴间距(即错位值)记为δ。这两个量对最终的结果至关重要。

当h_1太小时,中指小关节的冲击未能使圆环1获得足够大的角速度,两个铁环不规则地自由跌落,未与链条缠结。

当h_1和δ都合适时,中指小关节的冲量S对oy轴冲量矩SR(R为圆环平均半径)使圆环1获得足够大的角速度,在下落过程中能实现转动角位移100°左右,圆环1与链条完成缠结;而圆环2仍如开始

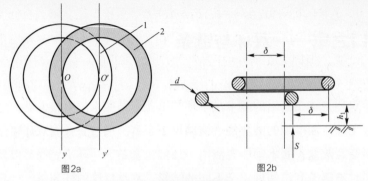

图2a   图2b

图2. 圆环主要参数描述

时一样，套在链条上。当左手拉住链条的左端，右手拉住圆环1，左右手分别上下倾斜，这样圆环2可以在链条上左右滑动，如图3所示。观众看到这个景象，会感到惊奇和不可思议。

当 h_1 合适且 δ 较小时，两个圆环接近重叠，中指小关节的冲量足以使圆环1和圆环2都获得较大的角速度，两环同步转过100°左右并同步下滑，此时两圆环都被链条缠结，见图4。

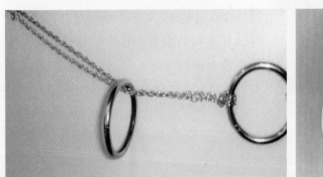 

图3. 一个圆环与链条缠结   图4. 两个环与链条缠结

多环与链条缠结魔术

推广自单环的双环魔术，可以进一步推广到多环魔术。如三个圆环可以有多种叠放形式，见图5，可以取 $\delta_2 = 0$，$\delta_4 \neq 0$；$\delta_2 \neq 0$，

$\delta_4 \neq 0$; $\delta_2 \neq 0, \delta_4 = 0$; $\delta_2 = -\delta_4, \delta_2 = \delta_4 = 0$ 等多种形式。形式选择不同，会出现多种不同的结果。从理论上讲，更多圆环的表演会有更加丰富的结果。但因人手尺寸的限制（即 h_1 有极限值），这些丰富的结果很难完全表演出来。如果借助于工具替代中指给出冲量，这些结果就能表演出来。

进一步地，可用不同尺寸的圆环叠放表演该魔术，也会出现丰富的结果，如图6所示。

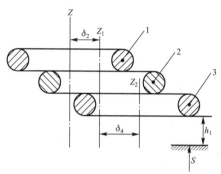

图5. 三个圆环叠放

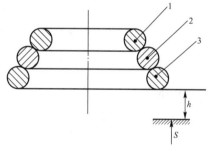

图6. 不同尺寸的圆环叠放

109

参考文献

1 王惠明，庄表中，费学博. 一个魔术的
   动力学分析——铁环与铁链套结过程 [J].
   力学与实践，2009，31（3）：108–109.

2 庄表中，孙成奇，吴立香. 魔术动力学
   分析之三——两个或多个铁环与铁链套
   结过程 [J]. 力学与实践，2010，32（6）：
   116–117.

3 庄表中，王惠明，马景槐，李振华，魏
   佳. 工程力学的应用、演示和实验 [M].
   北京：高等教育出版社，2015.

4 哈尔滨工业大学理论力学教研室. 理论
   力学（第八版）[M]. 北京：高等教育出
   版社，2016.

4
环环相扣——四连环把戏

四个圆环，看似极为普通，但在魔术师手中变幻莫测，实现了匪夷所思的连接，令人目眩神离。本来分离的闭合圆环真能扣在一起么？答案显然是不能！四连环魔术的诀窍在于其中一个圆环隐藏有一开口。魔术师通过快速、流畅的手法打开、关闭开口，使其他闭合圆环自由地穿入、穿出。就让我们一起来看看这个四连环魔术，以及其中所涉之力学原理吧！

四连环魔术

四连环魔术如视频1所示。四个看似普通的圆环，在表演者手中，不经意间在各种图案中变换（如图1所示），令人惊奇。

视频1. 四连环
魔术

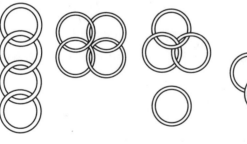

图1a　　　　图1b　　　　　图1c　　　　　　图1d　　　　　图1e

图1. 四连环各种连接关系

两个单独的封闭圆环是没办法套在一起的，四连环魔术是如何做到的呢？其原因在于，道具中的其中一个圆环是有隐藏的缺口的。四连环道具如图2所示，包括一个封闭环（S环）、一个开口环（K环）和一个套在一起的双环（W环）。在表演过程中，表演者通过快速的操作技巧和隐蔽的手势使观众看不到环上的缺口。表演者在不经意间使封闭环从缺口穿入开口环,并迅速隐蔽缺口。看起来就显得十分不可思议。

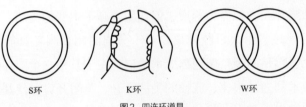

S环　　　　　　K环　　　　　　　　W环

图2. 四连环道具

四连环魔术中的力学

四连环魔术表演中,除表演手法外,很重要的一点就是用手施力打开缺口,使封闭环能够穿入。无疑地,圆环线径太粗或者材料太硬,单手都不足以打开缺口。圆环应选用适当的材料和尺寸,才能保证魔术表演成功。而这里,就需要用到材料力学的知识了。

线弹性结构在静载荷作用下的位移可用莫尔定理计算。莫尔定理是材料力学的重要定理,可通过虚功原理导出。考虑一个细长结构受静载作用,要求某点在某方向上的位移。我们设想在同一结构上同一点的同一方向上施加单位力,该力所引起的x截面的轴力、弯矩和扭矩分别记为$\bar{F}_N(x)$、$\bar{M}(x)$和$\bar{T}(x)$。把原力系作用下的位移视为虚位移,应用虚功原理得到:

$$\Delta = \int \frac{F_N(x)\bar{F}_N(x)}{EA}\mathrm{d}x + \int \frac{M(x)\bar{M}(x)}{EI}\mathrm{d}x + \int \frac{T(x)\bar{T}(x)}{GI_\mathrm{p}}\mathrm{d}x$$

式中,$F_N(x)$、$M(x)$和$T(x)$分别为原力系所引起的x截面的轴力、弯矩和扭矩,E为材料弹性模量,G为材料剪切模量,A为截面面积,I为截面惯性矩,I_p为截面极惯性矩。

四连环中开口环的打开量可用莫尔定理计算。考虑双手紧握开口端部拉开的情形,受力图如图3a所示。由于环形状和载荷的对称性,只需计算半环的张开量,之后乘以2即可,如图3b所示。在半环端部施加单位载荷，如图3c所示。由于轴力和剪力对变形影响较小，仅需考虑弯矩的贡献。在载荷F和单位力作用下，截面弯矩分别为：

$$M(\varphi) = -FR(1-\cos\varphi), \bar{M}(\varphi) = -R(1-\cos\varphi)$$

应用莫尔定理求出缺口的张开量Δ_{AB}为：

$$\Delta_{AB} = 2\int_0^\pi \frac{M(\varphi)\bar{M}(\varphi)}{EI}R\mathrm{d}\varphi = \frac{3\pi FR^3}{EI}$$

式中，R为圆环中心线的半径。

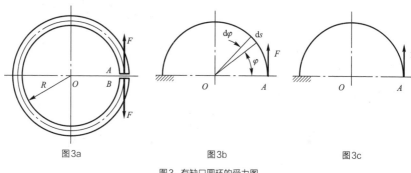

图3a   图3b   图3c

图3. 有缺口圆环的受力图

由上式可见：缺口张开量Δ_{AB}与材料弹性模量E和圆环截面惯性矩I成反比，与圆环所受到的张力F成正比，还与圆环中心线半径R的立方成正比。给定张开力值、圆环材料及圆环中心线半径，要求缺口张开量略大于圆环线径d，就可以设计圆环的线径值。

四连环魔术表演时，为了不被观众看出破绽，施力方式一般不采用图3那种形式，而是选择其他多种隐蔽性更好的形式，如图4a的手握式、图4b的张开式等。这些形式的缺口张开位移同样可以通过莫尔定理确定，亦可以通过实验方式测定。针对市面上的一种四连环（材料为钢材，$R = 50$ mm，$d = 5$ mm），我们对张开式进行了实测，见视频2。如图5所示，测力计上读数约为3 N时，缺口的张开量为$\Delta_{AB} = 6$ mm，这个张开量刚好让钢环方便地穿入或穿出。

视频2. 钢环实验测试

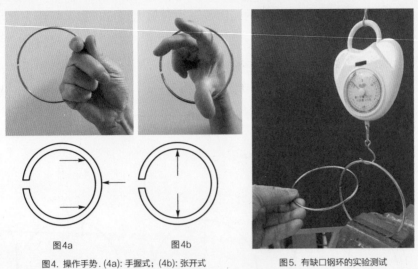

图4. 操作手势. (4a): 手握式; (4b): 张开式

图5. 有缺口钢环的实验测试

一点说明

莫尔定理有十分广泛的应用，如可用于设计跳水运动员使用的跳板，见图6。在弹跳力作用下，跳板发生弹性变形。跳板端点变形量的大小涉及跳板系统的刚度，跳板端点的位移δ又与运动员上下跳的频率有关。技巧上希望运动员上下跳的频率与跳板系统的固有频率接近，这个优化要求可使跳水前那一瞬间发生共振，从而使运动员弹跳到更高的位置，延长入水前的时间，使跳水表演更优美，见视频3。由于各运动员体重有差异，因此需调节跳板的刚度，在δ确定情况下，选择板的长度l就需要应用莫尔定理。

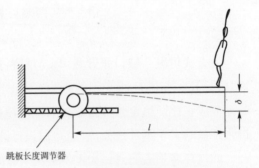

跳板长度调节器

图6. 变长度跳板

视频3. 跳水运动员表演

参考文献

1 庄表中，王惠明，李振华. 魔术的力学分析之二——四连环与莫尔定理[J].力学与实践，2010，32（1）：100–101.

2 庄表中，王惠明，马景槐，李振华，魏佳. 工程力学的应用、演示和实验[M].北京:高等教育出版社，2015.

3 刘鸿文. 材料力学（第六版）[M]. 北京:高等教育出版社，2017.

4 环环相扣
——四连环把戏

5

听话的萌宠——小小长颈鹿魔术

　　呆萌的宠物甚得人们喜爱，若又乖巧听话、善解人意，则更得人欢心。小小长颈鹿在手，伴随着魔术表演者的口令，长颈鹿即时站起、即时卧倒，极为有趣。其中的诀窍就在长颈鹿道具的内部组成及预应力技术的运用上。就让我们从小小长颈鹿魔术出发，揭示其道具及原理，进而看一看预应力技术已在哪些领域应用、并如何大展宏图吧。

小小长颈鹿魔术表演

视频1. 长颈鹿
魔术

　　如图1所示的小小长颈鹿魔术道具，操作者手持之于观众面前。按照自己的口令，长颈鹿可即时站起也可即时卧倒，见视频1所示。

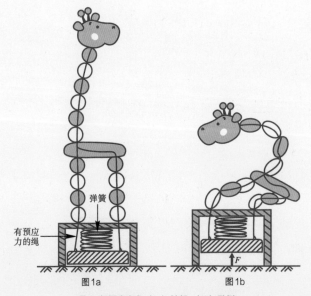

图1. 长颈鹿魔术. (1a): 站起；(1b): 卧倒

长颈鹿道具的组成

长颈鹿道具由多个子块构成，每个子块中心有孔，两根细线从孔中穿过串接整个玩具。线头由底座两个小孔穿出，连接到一个圆形物块上。该圆形物块隐蔽于底座下，不易被察觉。在底座内部与圆形物块之间装有一根弹簧，弹簧两端分别与底座内部上壁面和圆形物块的上表面连接。自由状态下，弹簧有一定的预压力，细绳被张紧，长颈鹿处于站立状态，如图1a所示。

长颈鹿魔术的力学原理

当手持底座，用手指将底座往上推时，弹簧力与手指往上的推力平衡，细绳中的预应力消失了，组成长颈鹿道具的各个子块无法保持在原位置，失去平衡，道具整体倒塌，如图1b所示。如果撤走对底座圆形物块施加的推力，圆形物块又会在弹簧的推力作用下回到原来位置上，此时细绳张紧，长颈鹿道具恢复到了直立平衡状态。

预应力的广泛应用

预应力技术在工程领域具有广泛的应用。这里仅举出几个典型的例子加以说明。

例1. 金属带箍

木桶是由多块木板条组成，这些木板条通过金属带箍束缚在一起，见图2a和图2b。金属带箍的内径要比木桶的外径略小，并被强行套在木桶的外壁上。金属带箍使木板条紧密挤压在一起，从而制成了不透水的木桶。图2c和图2d分别为半个金属带箍和一条木板的受力分析图。

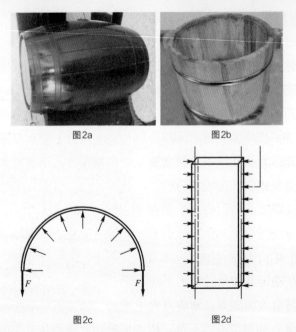

图2a   图2b

图2c   图2d

图2. 通过预应力箍紧的木桶.（2a）：酒桶；（2b）：饭桶；（2c）：径向压力；（2d）：环向预压力

例2. 混凝土预制枕条和预制板

在混凝土预制枕条的制作过程中，首先将钢筋水平拉紧，将混凝土灌注凝固后，二端轧断钢筋，则枕条内各截面上受到均匀的预应力，如图3a所示。枕条铺设于铁轨下，当铁轨上承受动载荷时，枕条发生弯曲变形，引起的截面应力分布如图3b所示。枕条在预应力和弯曲应力共同作用下的截面应力分布如图3c所示。这种预应力设计使混凝土枕条截面拉应力减小或彻底消除拉应力，充分利用了混凝土材料抗压不抗拉的特性。

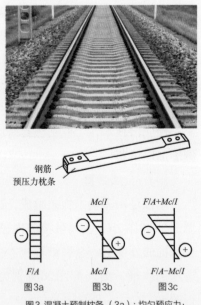

钢筋
预压力枕条

图3a   图3b   图3c

F/A Mc/I $F/A+Mc/I$
                          $F/A-Mc/I$

图3. 混凝土预制枕条.（3a）：均匀预应力；（3b）：弯曲应力；（3c）：预应力+弯曲应力

如图4所示的混凝土预制板在建筑工程中有广泛的应用,其制作方法与预制枕条相同。在建造房屋时,常将这类预制板搁在横梁上作楼板使用。

图4. 混凝土预制板

例3. 预应力索网屋盖结构

预应力索网是一种理想的大跨度空间结构半幅形式,特别适用于体育馆等大跨度、轻型建筑。索网的刚度是通过预应力建立起来的。通过在稳定索(上拱索)端部施加拉力,可在稳定索和承重索(下垂索)中同时引入预应力。预应力大

图5. 四川省体育馆的屋盖

小应保证在各种载荷作用下稳定索均不出现松弛现象。图5所示的四川省体育馆的屋盖,就是预应力索网结构。

例4. 预应力衣物

市场上有多种针对女性的有预应力的衣物,如丝袜、打底裤和束身衣,穿上这些衣物,就会显得特别苗条,深得女性喜爱。图6所示为按最美小腿的体型设置了预应力的袜子,穿上此袜,小腿就显得特别美。

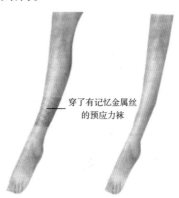

穿了有记忆金属丝的预应力袜

不够美的原小腿

图6. 有预应力的袜子

119

参考文献

1 林同炎，斯多台斯伯利 S D. 结构概念
   和体系[M]. 北京：中国建筑工业出版社，
   1999.

2 季天健，Bell A. 感知结构概念[M]. 武岳，
   等，译. 北京：高等教育出版社，2009.

3 刘鸿文. 材料力学（第六版）[M]. 北京：
   高等教育出版社，2017.

6

神仙索——化绳为棍的魔术

　　绳子作为最有用的物事之一，由谁、何时、何地以及如何发明已无从考证。我们只能遥想：在各大文明区域，在远早于文字发明的史前时代，一批先贤受藤蔓或长蛇启示，创造性地直接应用蒿草，进而编织蒿草以为绑扎之用。之后的漫长时期，人们以结绳记事直至文字发明。可以说绳子是人类文明的载体，串接起史前文明与史后文明，直至于现代并必定延伸至未来。

　　文字的发明首先记录下了文字发明这个事实，而结绳记事却并未记录下绳子发明的来龙去脉。因此，绳子是极其低调的，大用者不显其行。

　　绳子是至柔之物。柔则不易操控，但柔能克刚。冷兵器时代的锦绳套索极难习得，但一旦有所成则极难抵御。刚柔相生相克，极致水准乃刚柔并济。因此，人们从至柔的绳子入手，寻求实现刚柔并济的手段。

　　唐代皇甫氏所作的《源化记》中有一篇《嘉兴绳技》，记载了一名囚犯利用高超绳技逃脱的故事。清代蒲松龄的《聊斋志异》中的《偷桃》篇记录了类似的戏法。"……乃启笥，出绳一团，约数十丈，理其端，望空中掷去；绳即悬立空际，若有物以挂之。未几，愈掷愈高，渺入云中；手中绳亦尽……"。国家邮政局发行的第一套《聊斋志异》系列邮票的第四枚即取材自该戏法，如图1所示。清代画家任渭长在其《三十三剑客图》之三《绳技》中亦描述了此技，如图2所示。此外，该戏法在印度也有记载，称为通天绳。在古典武侠作品《剑雨》中，彩戏师也完美地演绎了该戏法，并称之为神仙索，见视频1。

图1.《聊斋志异》之《偷桃》篇

视频1. 彩戏师演绎神仙索

图2.《三十三剑客图》之三：
《绳技》

神仙索奇妙无穷，至柔无骨而又能于须臾间笔挺而立。其为绳，极度普通以致不为人注目；其笔挺而立，极度反常以致震慑人心。而这恰恰就是魔术师所追求的极致境界。

这里我们就来介绍一个化绳为棍的魔术，它近乎完美地再现了神仙索戏法。一根下垂的柔绳，在魔术师手中却能直挺如棍。其诀窍在于编织布筒内隐藏了特殊的内芯构造，分段次第排列且仅能单向转动，恰如指节一样。搞清了内部结构和原理，读者自己就能制作道具，并能在亲朋好友面前演绎一幕神仙索戏法！

化绳为棍魔术表演

表演者手持一根绳子中部，绳子两边正常垂下（如图3a所示）。表演者两手各持绳子一端拉直，让某一位观众对着绳子吹一口气。之后放开其中一手，则绳子直挺挺犹如直棍（如图3b所示）。继而再次双手各持绳子

图3a   图3b

图3.化绳为棍魔术表演.（3a）:手持绳子中部，两边正常垂下；（3b）:绳子犹如棍子般直挺

视频2. 化绳为
棍魔术表演

一端，让观众再对着绳子吹一口气。放开其中一手，则绳子又正常垂下。即实现了绳子在柔绳和直棍之间的自由变换。操作过程见视频2。

道具绳内部结构及操作揭秘

该魔术所用的道具绳由外套和内芯两部分构成（如图4所示）。外套为柔软的编织布筒，犹如一个细长的袋子。内芯由多段等长度空心管串联而成，串联排列的空心管一侧粘接一根细长软塑料片。将内芯置于外套内，并封闭两开口端。此时，从外观看上去就是一根普通的粗绳。

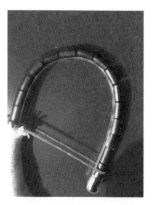

图4. 道具绳的组成：外套和内芯

表演开始时，表演者手持该绳中部，使粘接软塑料片的一侧朝下，绳子自然垂下。手可以上下抖动，使观众看到此绳很柔软。

当表演化绳为棍时，在双手持绳拉直的过程中，悄然将绳子绕轴线翻转了180°，从而使软塑料片一侧朝上。进一步表演化棍为绳时，悄然翻转绳子使软塑料片一侧朝下，见视频3。整个过程都是悄无声息地完成的，没有任何破绽。知道了这个小秘密，直观上就很容易理解化绳为棍的道理了。当软塑料片一侧朝下，重力作用下绳子有下垂趋势，而软塑料片不足以抵抗该趋势，因此如普通绳子般弯曲下垂（如图5a所示）。当软塑料片一侧朝上时，重力作用下空心管间相互压缩并同时受到上部软塑料片的限制，因此保持在平直状态（如图5b所示）。

视频3. 操作解密

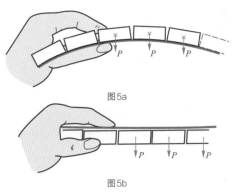

图5a

图5b

图5. 粘有软塑料片的串联空心管.（5a）：软塑料片一侧朝下，绳子自然下垂；
（5b）：软塑料片一侧朝上，绳子保持平置状态

化绳为棍魔术的力学原理

从力学角度看，该魔术的核心在于悄然引入了一个单边约束。所谓单边约束，即限制物体在一个方向的运动，而完全不限制其在反方向的运动。软塑料片极薄，其弯曲刚度极小而拉伸刚度较大，因此可近似看作不可拉伸且不抗弯条带。该条带粘接于密集排列的空心柱体侧边，恰构成单边约束，结构向一侧运动无限制而向另一侧的运动被完全限制。

以下从受力分析方面做详细讨论。当有软塑料片的一侧朝下时，手持端看作固支端而另一端为自由端。绳子就是一个完全由软塑料片构成的悬臂梁，空心柱体和软塑料片的自重视为作用于其上的均布载荷，如图6a所示。此悬臂梁的弯曲刚度为$Ebh^3/12$，其中E为塑料的弹性模量，b为塑料片宽度，h为塑料片厚度。因为h很小，所以悬臂梁弯曲刚度极小，故此变形极大。表现为几乎完全没有抗弯能力。

当有软塑料片的一侧朝上时，相邻的空心圆筒下侧点接触形成限制，其受力分析图如图6b所示。由平衡条件可给出塑料片受到的拉力和剪力值。软塑料片的变形量与拉力值、拉伸刚度Ebh和相邻圆筒的间隙有关。由于其间隙极小，因此变形量很小，每一处间隙处由于软塑料片拉伸引起的转角也很小，可以忽略。表现为直挺挺犹如直棍。

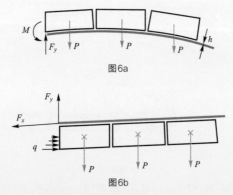

图6a

图6b

图6. 绳子受力分析.（6a）：软塑料片一侧朝下的受力分析；（6b）：软塑料片一侧朝上的受力分析

几点讨论

单边约束貌似神奇，实则普遍。我们的手指、肘、膝关节都只能朝一个方向转动，而在反方向被完全限制，都是典型的单边约束。这类约束已在分析力学领域得到广泛而深入的研究，并在机器人等领域得到了充分的应用。

对日之所用、日之所见的东西，我们并不一定真的理解它，真的懂得它，也很少真的正视它。只因过于常见，其中所隐含的奥妙就无人能识。老子有言：

不出户知天下，不窥牖知天道。

英国诗人 William Blake 有诗云：

To see a world in a grain of sand,

and a heaven in a wild flower,

hold infinity in the palm of your hand,

and eternity in an hour.

这些都深刻地揭示了大道隐于身边，而无需外求。只需保有一颗纯真的、充满好奇的心。

参考文献

1 Whittaker E T. A Treatise on the Analytical Dynamics of Particles and Rigid Bodies with an Introduction to the Problem of Three Bodies[M].London: Cambridge University Press, 1917.

2 Lurie A I. Analytical Mechanics[M]. Berlin: Springer-Verlag, 2002.

3 蒲松龄. 聊斋志异[M]. 北京：中华书局，2009.

4 艾米莉·霍金斯. 魔术幻象[M]. 贵阳：贵州教育出版社，2016.

5 刘鸿文. 材料力学（第六版）[M]. 北京：高等教育出版社，2017.

6 王世贞. 剑侠传[M]. 上海：上海古籍出版社，2017.

7

许愿井——如您所愿显示点数的聪明骰子

　　许愿井是一个美丽的传说，传闻投一枚硬币入井并许下一个愿望，无论是什么都一定能实现。找到许愿井是无数人的童年梦想。许愿井也在不胜枚举的童话作品中得到全新演绎，如在动画片小猪佩奇中，佩奇许下了希望自家花园中也有一口许愿井的愿望；在动画片机器猫中，哆啦A梦的神奇口袋即为许愿井的变体。特别值得一提的是美国著名童书作家和画家Arnold Lobel对许愿井的神奇演绎。一只老鼠在许愿井中投下硬币，总是听到许愿井"哎呦"的叫声，且愿望从不实现；当它先投入自己的枕头再投入硬币许下愿望时，所有的愿望都得以实现。这个故事隐含了关爱的无穷力量，令人动容。

　　真正的许愿井是不存在的，科学和技术的目的即认识自然规律并运用之使之如我们所愿。而恰恰有一类魔术，就是从这个角度入手，如观众所愿，化不可能为可能，从而圆了观众对许愿井许愿的儿时梦。

　　这里我们介绍一个骰子魔术。一个长方形塑料盒，六枚骰子，表演者能使骰子如观众所愿显示点数。这是如何做到的呢? 诀窍就在于隐藏于罩盖内的凸台设计上，骰子受限转动90度。就让我们来一探究竟吧!

骰子魔术表演描述

　　表演者一手持一长方体不透明开口塑料底盒，另一手持有六枚骰子。表演者一边询问观众希望得到的点数，一边漫不经心地将骰子置于塑料底盒中；之后盖上罩盖，并蒙上彩色绸布；让某一位观众吹一口气，之后快速上下移动塑料盒一次（即冲击），打开绸布和塑料盒，骰子就显示出观众所希望的数字。所希望的数字可以是规则的，如六个1或者123456、654321，也可以是不规则的，如任意指定的一列数字，如135224。操作过程见视频1。

视频1. 骰子魔术表演

骰子魔术表演揭秘

长方体塑料盒由开口塑料底盒和罩盖组成，盒内可并置六颗塑料骰子，周边有适当空隙，如图1所示。

图1. 放置六枚骰子的塑料盒

若观众要求点数全为5，表演者将六颗骰子如图2排列，其中所有的5点都朝向表演者本人，这个角度是观众看不到的，而观众能看到的顶面数字可出现除了5、2点之外的所有点数。之后盖上罩盖并外包绸布，让观众确认表演者的手是进不去的。

图2. 骰子的一种特定排列方式

罩盖内侧壁边缘有一凸台（观众不可见），如图3所示。把塑料盒按图4所示姿态上下平动冲击一次。六颗骰子受罩盖内侧壁凸台的不对称冲击，朝同一个方向旋转90°左右后停止在盒中。此时打开绸布和罩盖，观众即可见图5所示的顶面点数显示。

图3. 罩盖内侧壁边缘凸台

图4. 上下平动冲击一次

图5. 顶面显示五个5点

视频2. 上下平动摇动两次（由全5到全2）

值得指出的是，六面体骰子的顶底两个平行面的点数之和为常数7，即 $1+6=7$，$2+5=7$，$3+4=7$，各面点数如图6所示。若同样地再做上下平动冲击两次，则六颗骰子同步同向转动共两次计180°并停止，此时骰子顶面显示全部为2点，见视频2。

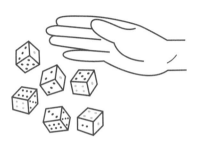

视 频 3. 上 下
平动摇动两次
（由123456到
654321）

图6. 六面体骰子各面点数值

若将骰子顶面从1到6顺序排列放到盒里（见图7a所示），平动地冲击两次，骰子顶面就按照从6到1的顺序排列（见图7b所示），见于视频3。同理，通过两次冲击还可以进行偶数与奇数之间变化的表演，见于视频4。

视频4. 上下平动摇动两次（奇偶切换）

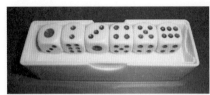

图7a

图7b

图7. 骰子点数奇偶切换.（7a）：初始时刻骰子按123456排列；（7b）：结束时刻骰子按654321排列

骰子魔术背后的力学机理

骰子魔术的秘密在于罩盖内侧壁边缘的凸台，其翻转归入冲击动力学问题。塑料盒置于手中快速上下移动，相当于强制给定了其位移时程（位移约束）；骰子置于塑料盒底面，为单面约束。当塑料盒向下的加速度大于重力加速度时，骰子与塑料盒底面分离，并作自由平移，之后很快撞上凸台。骰子的运动过程可视为刚体受不对称冲击后发生平面运动。冲击时骰子受罩盖内侧壁凸台1处冲击力 F_N 及重力 F_W 共同作用，受力

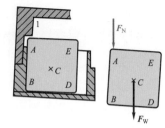

图8. 冲击时骰子受力分析

7 许愿井
—— 如您所愿显示点数的聪明骰子

分析如图8所示。冲击前一时刻骰子的质心速度记为
v_0，而角速度为 $\omega_0 = 0$。应用对质心的冲量矩定理知，
$J_C(\omega - \omega_0) = S \times b/2$，其中 J_C 为骰子对主轴的转动惯量，
S 为冲击力 $\mathbf{F}_N$ 的冲量，b 为骰子边长，而 ω 为冲击结
束时刻骰子获得的角速度。于是有：

$$\omega = Sb/(2J_C)$$

冲击结束后骰子自由运动：由质心运动定理知，
骰子质心的竖向加速度为重力加速度 g；由对质心的
动量矩守恒知，其转动角速度保持恒定。随着塑料盒
急停，骰子与塑料盒底面再度接触，经复杂的碰撞作
用后停止，从而完成了转动90°左右的运动。冲击结
束后骰子运动过程中的三个瞬时位置如图9所示。

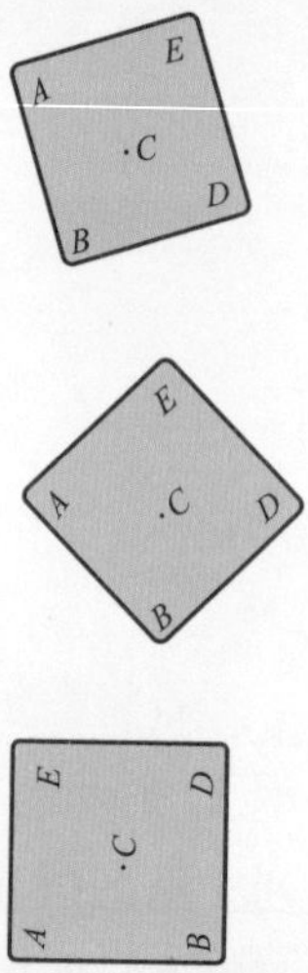

图9. 冲击结束后骰
子的三个瞬时位置

几点说明

值得指出的是，虽然上述力学分析阐明了骰子表演的力学机理，
但塑料盒的合理设计仍有大量工作可做，这也体现了理论和实践之间
的联系和深刻差异。从机理上看，我们知道：塑料盒不宜过低，过低
则无法完成90°翻转；也不宜过高，过高则可能发生180°甚至于更大
的翻转，结果不可控。此外，凸台的宽度决定着不对称冲击的冲击点
位置，也是一个重要的设计参数。再者，每个表演者施加于盒子的上
下运动加速度不同，也可能会对冲击结果有影响。这就需要通过大量
实验，调整上述参数使得该魔术具有高的可靠性。

通过研究，我们提供了一种较好的剖面尺寸（如图10所示）。读
者可参考之，用有机玻璃等材料自制骰子及魔术塑料盒，相信一定会
成功的。

此外，我们自制了改进型塑料盒，修改全长的罩盖内侧壁边缘凸台
为：半长或仅占几个骰子的长度（如图11所示）。这样，就可以表演某
几个骰子点数发生变化，而其他骰子点数保持不变的新魔术，见视频5。

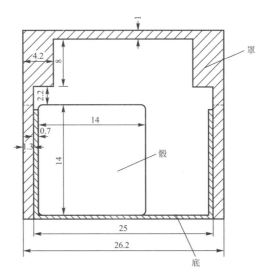

视频5. 中间两
个数字变化

图10. 建议的剖面尺寸

图11. 改进型塑料盒罩盖

7 许愿井
—— 如您所愿显示点数的聪明骰子

参考文献

1 Lobel A. Mouse Tales[M]. New York: Harper Collins, 1972.

2 庄表中，王永. 魔术动力学分析之四——冲击使六颗骰子按指定的点数显示[J]. 力学与实践，2011，33（6）：105-106.

3 庄表中，王惠明，马景槐，李振华，魏佳. 工程力学的应用、演示和实验[M]. 北京：高等教育出版社，2015.

4 哈尔滨工业大学理论力学教研室. 理论力学（第八版）[M]. 北京：高等教育出版社，2016.

8

不听话的铃铛——施以火刑，认真干活

一个铃铛，一个金属小锤。用小锤敲击铃铛总是不能发出清脆铃声，直至火刑加身！这究竟是怎么一回事呢？真是小铃铛顽皮淘气，非要巴掌打屁股？自然不会的！其诀窍仅在于粘贴于铃盖内侧的一小块橡皮胶。这小小的橡皮胶在结构减振降噪领域可是大有用途的。就让我们一起来看看吧！

不听话的铃铛魔术

表演者持自行车铃，左手握着支撑杆，右手用金属锤敲击铃盖，响声低哑。无论怎么敲都发不出我们平时听到的清脆响声。表演者假装很生气，虽百般威胁铃铛仍低哑发声。表演者持打火机烧此铃铛后，再次敲击，铃铛就发出了正常的清脆响声，见视频1。

视频1. 铃铛魔术

图1. 铃盖内侧粘贴橡皮胶

该魔术的关键在铃铛上。铃盖内侧粘贴了橡皮胶（如图1所示），橡皮胶使铃铛无法正常发声；而当用打火机烧铃铛底部时，橡皮胶烧焦后脱落，铃铛就会恢复正常发声。

铃铛魔术的力学原理

从振动力学角度看，橡皮胶是阻尼材料，起到抑制结构振动的作用。铃盖是一个壳体，我们可将其简化为一个振动复摆，如图2所示。铃盖受敲击后，发生微幅振动。其线性振动的微分方程为：

$$J_{eq}\ddot{\theta} + c_{eq}\dot{\theta} + k_{eq}\theta = p(t)$$

式中，J_{eq}，c_{eq}，k_{eq} 为分别等效转动惯量、等效阻尼系数和等效刚度系数；$p(t)$ 为脉冲激励。记 $\omega_{n}^{2} = \dfrac{k_{eq}}{J_{eq}}$，$\zeta = \dfrac{c_{eq}}{2J_{eq}\omega_{n}}$，$h = \dfrac{p}{J_{eq}}$，则上式化为：

$$\ddot{\theta} + 2\zeta\omega_{n}\dot{\theta} + \omega_{n}^{2}\theta = h(t)$$

这是单自由度系统受迫振动微分方程的标准形式。

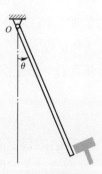

图2. 复摆模型

脉冲激励作用下，系统做衰减振动，其振动响应曲线如图3所示。它的振动特征与阻尼有关：阻尼小，则振动衰减慢，声音也相应地消失得慢，见曲线1；阻尼大，则振动衰减快，声音也消失得快，见曲线2。铃盖内侧粘贴有橡皮胶时，系统阻尼大；而当它被打火机烧焦跌落后，橡皮胶引起的阻尼消失，此时敲击后的振动接近无阻尼自由振动，振幅就大，持续时间就长了。

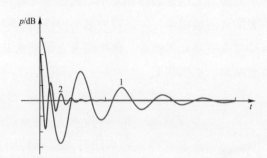

图3. 自由振动声压曲线. 曲线1: 小阻尼；曲线2: 大阻尼

我们对铃盖进行了实验研究，如图4所示。实测表明：有橡皮胶的铃盖的响声是低的哑壳型，峰值为60分贝左右，频率成分丰富，见视频2；无橡皮胶的铃盖的响声变大了，峰值为80分贝左右，频率成分变窄，响声持续时间延长，声音好听，见视频3。

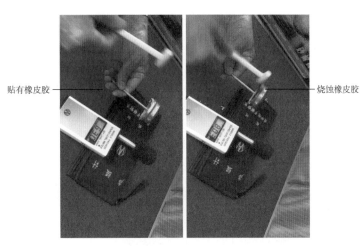

貼有橡皮胶 —

— 烧蚀橡皮胶

视频2. 有橡皮胶测试

视频3. 无橡皮胶测试

图4. 铃盖发声实测

阻尼技术处理及其工程中的应用

　　用贴阻尼材料来减小振动和降低噪声的方法在工程中是行之有效的。以下略举几例以示说明。

　　例1. 锯片加工噪声大，可改用中间夹层有阻尼材料的锯片，见图5中1、2、4贴阻尼材料的技术，可实现多种锯片加工时降噪

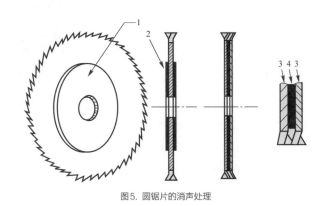

图5. 圆锯片的消声处理

　　例2. 洗衣机外壳的内壁贴阻尼材料1可降噪，见图6

例3. 汽车振动噪声与关门的冲击噪声等，可用外壳内壁粘贴阻尼材料降噪，见图7。

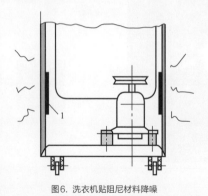

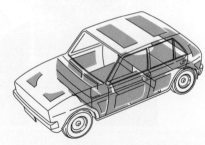

图6. 洗衣机贴阻尼材料降噪

图7. 薄壁车壳粘贴阻尼片减振降噪

一点说明

网上有个"心诚则灵钟"，见图8所示。这个扁钟被敲击时的声音是"哑声"，不动听，像"木鱼"声。而上香后，即火烤加热后，敲击声就变得十分悦耳了，因此称为心诚则灵钟，见视频4。这种钟被某些寺庙作为搞封建迷信活动，骗取忽悠缺少科学知识的群众。

视频4. 心诚则灵钟

图8. 心诚则灵钟

该钟用特殊的铜合金制成，经火烧加热后发生了金相组织变化，弹性模量也变了，振动频率和声音也都发生了变化。心诚则灵钟和不听话的铃铛的工作原理是不同的。

参考文献

1　Den Hartog J P. Mechanical Vibration[M].
　　New York: Dover Publications, INC, 1985.

2　贺玲风，刘军. 声弹性技术[M]. 北京：
　　科学出版社，2002.

3　庄表中，刘明杰. 工程振动学[M]. 北京：
　　高等教育出版社，1989.

8　不听话的铃铛
——施以火刑，认真干活

9

穿墙术——硬币如何穿过杯底？

儿时遍览古典文学典籍，不时为神鬼小说中的奇幻法术所倾倒。《封神演义》中仙家腾云驾雾，法力无边，宣扬了命由天定的宿命论；《西游记》中，初期斗天斗地，后期仙妖斗法，宣扬了锲而不舍的奋斗精神；《七剑十三生》中亦幻亦真，惩恶扬善，被誉为"集历来剑侠之大观，稗官之翘楚"；《聊斋志异》则在各种奇幻背景下讲述了凄美动人的爱情故事。不一而足。

这里我们就来谈谈穿墙术。顾名思义，穿墙术即指人能穿墙而过，而二者皆不受损。该术在《聊斋志异》中有明晰的记载（剧照如图1所示，见《崂山道士》，上海美术电影厂，1981），节选如下：

图1.《聊斋志异》之《崂山道士》剧照

道士问："何术之求？"王（注：王七）曰："每见师行处，墙壁所不能隔，但得此法足矣。"道士笑而允之。乃传以诀，令自咒毕，呼曰："入之！"王面墙不敢入。又曰："试入之。"王果从容入，及墙而阻。道士曰："俯首骤入，勿逡巡！"王果去墙数步，奔而入；及墙，虚若无物；回视，果在墙外矣。

作为一种基本法术，穿墙术与许多其他法术有共通之处。如《封神演义》中土行孙的地行术，以及日本当代文学作品《甲贺忍法帖》中甲贺十人众之霞刑部所掌握的与墙壁融为一体的森罗灭形之术。

奇幻的想象是一切创新的源泉，没有了想象也就没有了方向。人们渴望如鸟儿一样翱翔天际，从而发明了飞机；人们渴望如鱼儿般畅游海底，从而发明了潜艇。同样地，人们渴望的穿墙越壁，也已在量子隧穿理论中找到了部分支持。

这里，我们介绍一个硬币穿杯魔术。一个碟盘，一个玻璃杯和两枚硬币。玻璃杯倒扣在碟盘上，随着一声响，一枚硬币穿杯而过进入碟盘中！这个魔术在视觉上完美实现了人们的穿墙梦。其诀窍就在碟盘底部不为人见的浅壳型设计上：一方面，瞒天过海，隐蔽身形；另一方面，冲击反跳，不着痕迹。欲知详情，请随我来。

硬币穿杯魔术表演描述

桌面上放置一个圆形碟盘，碟盘中央置有一枚1元硬币，表演者先让观众看清碟盘中的东西。而后将一个玻璃杯倒扣放在碟盘上，放置一枚1角硬币于杯底顶面。而后快速用手击打杯底（也可用力压一下杯底），随着啪的一

视频1. 硬币穿杯魔术表演

声响，表演者拿起玻璃杯，发现碟盘中有一枚1元硬币和一枚1角硬币，似乎置于杯子外边的1角硬币穿过杯底进入杯中！操作表演见视频1。

硬币穿杯魔术表演揭秘

圆形碟盘如图2所示。它是一个具有一定曲度的薄壳，形如浅浅的碗碟，由不锈钢板冲压而成。因底部曲率半径较大，因此不易被看出来。将圆形碟盘平置于桌面上，凹侧向上。隐蔽地放置一枚1角硬币于碟盘底部中心，在其上放置一枚1元硬币。由于1元硬币较大，且碟盘具有曲度，1角硬币恰好藏在1元硬币之下。侧视图如图3所示。

图2. 圆形碟盘

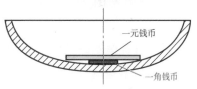

图3. 放置有硬币的碟盘侧视示意图

将玻璃杯倒扣于杯盖上，而后放置一枚1角硬币于杯底顶面，如图4所示。之后用手快速击打杯底，作用于杯底的力通过杯体传递给碟盘边缘，碟盘欲向下运动而在中心处受到桌面限制，从而发生反向

跳转,形成如图5所示形状。这个反向跳转过程极快发生,置于碟盘中心处的两枚硬币被弹开,散落于盘中。而伴随着反向跳转的咔啪声则恰好与手拍杯底的声音重合,无人会注意到。冲击完成后的侧视示意图如图6所示。此时,手还摁在杯底上,在移开手的时候将杯底顶面的1角硬币拿在手上藏起来(顺势将手插入口袋中藏起或者以抬臂方式藏入袖中)。这样,观众所看到的就是操作者的快速击打使1角硬币从杯底穿入杯中。

图4. 玻璃倒扣于碟盘上并放置1角硬币后的侧视图

图5. 反向跳转之后的碟盘侧视示意图

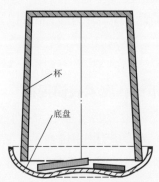

图6. 冲击完成后的侧视示意图

硬币穿杯魔术的力学原理

硬币穿杯魔术的要点在于碟盘这个壳体的初始曲度,这种具有初始曲度的圆形碟盘有两个稳定的平衡位置,在载荷作用下可在两个位置之间切换。

具有初始曲度并受到适当(外部或内部)约束的结构多具有两个或者多个平衡位置,这种结构在力学上称为双稳态或多稳态结构,而在载荷作用下的跳转现象称为跳变。举个简单的双稳态例子:放久了的卡片常会发生较大变形,用力反向掰它,就会听到咔啪一声响,卡

140

片被掰过来并保持在反向位置；再反向施力，卡片就又跳回到初始的变形状态；这个过程可以不断往复，直至卡片发生破坏。再举一个双稳态例子：将一根直尺的两端夹持，使端点距离小于直尺长度，则直尺发生弯曲并平衡；用手指压尺子中点，尺子对称变形；随着载荷的增大，尺子发生侧向变形并迅速脱离手指，跳转到另一侧平衡；该过程亦可不断往复，如图7所示，亦见于视频2。

视频2. 双稳态弯尺的跳变过程

　　从能量的角度看，结构静止于能量极小位置。双稳态和多稳态结构的应变能不具有简单的上凹模式，存在多个应变能极值点，也就是说此类结构可在多个位置平衡。结构并不会自发地从一个位置切换到另一个位置，这是因为位置之间的切换需要越过一定的能量势垒。上述两个例子中施加的力即用于克服势垒使得结构在各平衡位置间切换。在载荷持续作用下，一旦越过势垒，结构将自发地迅速向另一个状态切换。

　　在硬币穿杯魔术中，越过势垒所需的能量由冲击载荷提供。冲击载荷在数学上描述为狄拉克δ函数，该函数定义为：

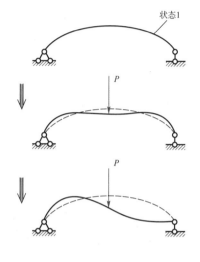

图7. 双稳态弯尺示意图

$$\delta(x) = 0, x \neq 0; \quad \int_{0^-}^{0^+} \delta(x)\,\mathrm{d}x = 1$$

尽管作用时间极短，作用力的行程很短，但也能累计足够能量克服势垒。一旦越过势垒，杯盖即自发跳转到另一个稳定态。

　　在硬币穿杯魔术中，手的冲击过程和碟盘的自发跳转过程都是在瞬间完成的。自发跳变过程由冲击作用启动，二者紧连发生，几乎区

141

分不开。冲击作用所伴随的啪的声响和紧随其后的碟盘的咔啪声也几乎不可区分，在观众听来，就只有一个手拍杯底的声音了。此外，碟盘的快速跳转将置于其上的两枚硬币弹开，从而彻底破坏了之前的排布方式，当移开杯子时，不会留下之前特定排列的痕迹。再者，碟盘的初始曲度，恰被用来隐藏1角硬币，使观众看不出这枚压在1元硬币下的1角硬币。换句话说，这个初始曲度同时具有两个功用：其一为创造跳变机制，其二为提供隐藏空间。而这两个功能都是在不着痕迹的前提下完成的，可谓鬼斧神工。

几点讨论

人们对双稳态和多稳态结构及其跳变行为的早期研究，是为了能避免跳变现象。因为跳变常突然发生，从而可能引发灾难性后果。例如，浅壳型的大跨屋顶（如轻型飞机库屋顶），若在风雨雪载荷作用下突然翻转是何等骇人；柱壳形舱体若突然翻转又是何等可怕。而随着科学技术的发展，很多曾被认为不利的现象都经历了从设法避免到巧妙利用的范式转换。例如，压杆失稳现象被用于柔性电子器件的结构设计，在电子设备的柔性化进程中起到举足轻重的作用，可以说，基于软基硬膜设计的柔性电子技术就以压杆失稳为核心概念。

双稳态和多稳态结构的跳变也在现代科学技术的多个领域中获得了应用。例如，它们可用作振动能量采集器件的主体结构。双稳态和多稳态可通过自身的结构形式实现：如浅壳型结构（如图8所示）；亦可通过合理的磁铁空间布置实现（如图9所示）。浅壳型结构和具初曲度杯盖的结构形式几乎完全一致，具有双稳势；而梁端磁铁与固定磁铁互斥，梁在上侧及下侧平衡，形成双稳势。在外载荷作用下，结构在两个平衡态之间跳变，跳变过程伴随着较大应变，从而在置于浅壳表面和悬臂梁根部的压电片上产生大的电脉冲。这就是多稳态压电能量采集器件的工作原理。跳变可在低频载荷和宽频载荷作用下发生，因此相比于单稳态振动能量采集器件，双稳态和多稳态振动能量

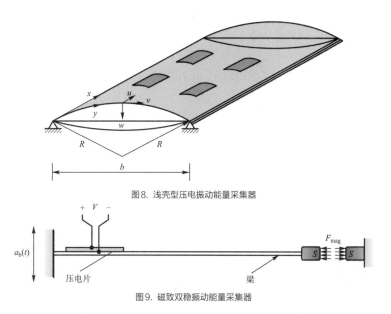

图8. 浅壳型压电振动能量采集器

图9. 磁致双稳振动能量采集器

采集器件具有更好的低频和宽频特性，而这对于提高能量采集效率是极其重要的。

此外，双稳态和多稳态特性在被动减振、超材料设计及折纸技术中多有应用。但几乎都只应用了准静态载荷引起的跳变过程中的负刚度特性，很少有工作利用动载荷致跳变行为。动载荷的幅值和频率都会影响跳变的发生，处于特定频段的具有极小幅值的动载荷也会引发跳变。因此，笔者相信，动载荷致跳变行为的巧妙利用一定能在上述领域产出大批高水准成果。

参考文献

1 Timoshenko S P, Gere J M. Theory of Elastic Stability[M]. Auckland: McGRAW-HILL International Book Company, 1963.

2 Bolotin V V. The Dynamic Stability of Elastic Systems[M]. San Francisco: HOLDEN-DAY, INC., 1964.

3 Khang D Y, Jiang H Q, Huang Y G, Rogers J A. A stretchable form of single crystal silicon for high performance electronics on rubber substrates[J]. Science, 2006, 311: 208–212.

4 蒲松龄. 聊斋志异[M]. 北京：中华书局, 2009.

5 Wang Y, Peng L M, Huang Z L. Structural optimum design of bistable cylindrical shell for broadband energy harvesting application[J]. Theoretical and Applied Mechanics Letters, 2015, 5: 151–154.

6 庄表中, 王惠明, 马景槐, 李振华, 魏佳. 工程力学的应用、演示和实验[M]. 北京：高等教育出版社, 2015.

7 刘鸿文. 材料力学（第六版）[M]. 北京：高等教育出版社, 2017.

10

无中生有——空袋中如何变出花朵？

　　无中生有是人类的终极追求。大罗金仙能凭空变出满桌的山珍海味，这是何等令人神往。不幸的是，科学的进步持续地否定无中生有的可能。凭空变物为质量守恒定律所否定，而能量转化与守恒定律则否定了永动机。在当代知名漫画《钢之炼金术师》中，更以等价交换为炼金术基本法则。

　　无中生有在现实中是不可实现的，但大量的魔术都在挑战它，例如空手变出花朵、甚至兔子和飞鸽的魔术。作为魔术篇收官之作，我们来介绍一个空袋变出花朵的魔术。一个空空如也的袋子，魔术师却能从中取出花朵来！这是如何实现的呢？毫无疑问有花朵藏于其中；立体的花朵又是如何藏于其中的呢？这有赖于巧妙的折叠技术。就让我们一起来一探究竟吧！

空袋变出花朵的魔术

　　表演者手持一个纸袋子，如图1所示。先给观众目视检查内部没有东西，只是个普通的空纸袋。之后从空纸袋中连续取出三箱花朵，如图2所示。表演过程见视频1。

视频1. 空袋取花

图1. 纸袋道具

图2. 取出三箱花朵

空袋变出花朵魔术揭秘

空袋变出花朵魔术的重点在于纸袋道具。在纸袋的底部，隐藏了三个折叠好的箱子，箱子被折叠成有四层的平面，其中一面和纸袋子颜色相同，当平铺在纸袋底部时，观众看不出来。这些箱子内藏玄机，其中设计了巧妙的机构。当拉动细带，箱子完全打开的同时，折叠的花朵也完全绽放。这样，提着细带拉出花箱就像是无中生有，令人惊奇。具体操作步骤如下：

第一步：手伸进袋子中，把上层第一个折叠的花箱翻开，形状呈直角形，见图3。

第二步：用手指勾住一扁平的耳环形软绳，应用力的分解，拉出花箱成两边通风的六边形箱，如图4所示。

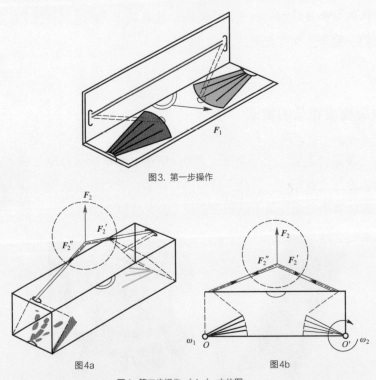

图3. 第一步操作

图4a   图4b

图4. 第二步操作.（4a）；立体图；
（4b）；正视受力分析（平面汇交力系）

146

第三步：用手指伸进盒子顶上一长扁带子往上拉，带子两端分别连着花箱的两个侧壁。一开始侧壁与箱子底部贴合，且在它们之间折叠着花朵；带子给侧壁作用力使侧壁打开，如图5所示。手指勾住扁带子继续上拉就把一箱花朵从袋子中提出来了。

重复上述三个步骤，就能再取出第二箱和第三箱花朵。分解过程见视频2。

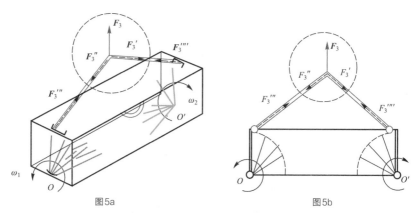

图5a   图5b

图5. 第三步操作.（5a）：立体图；（5b）：正视受力分析(侧壁转动过程)

收拾道具的步骤与上述表演步骤相逆。第一步：把一盒花朵的左右两边的侧壁板各用手指往中间揿，把花朵折叠到底面位置；第二步：把顶面和正面两透明塑料板折弄成一平面；第三步：把四个塑料平板合拢。这样就将花箱折叠成了薄形物体，放置到纸袋子中，就完成了收拾道具的工作。

147

参考文献

1 刘鸿文. 材料力学（第六版）[M]. 北京：
高等教育出版社，2017.

2 费学博. 理论力学（第五版）[M]. 北京：
高等教育出版社，2019.

图书在版编目（C I P）数据

玩具和魔术中的力学 / 王永，金肖玲，庄表中编著
. -- 北京：高等教育出版社，2021.6
（大众力学丛书）
ISBN 978-7-04-055597-4

Ⅰ.①玩… Ⅱ.①王… ②金… ③庄… Ⅲ.①力学－
普及读物 Ⅳ.①O3-49

中国版本图书馆CIP数据核字(2021)第027021号

玩 具 和 魔 术 中 的 力 学
WANJU HE MOSHU ZHONG DE LIXUE

策划编辑	王　超
责任编辑	王　超
书籍设计	王　鹏
插图绘制	杨伟露
责任校对	王　雨
责任印制	赵义民
出版发行	高等教育出版社
社　　址	北京市西城区德外大街4号
邮政编码	100120
印　　刷	北京盛通印刷股份有限公司
开　　本	787mm×1092mm　1/16
印　　张	10.25
字　　数	150千字
购书热线	010-58581118
咨询电话	400-810-0598
网　　址	http://www.hep.edu.cn
	http://www.hep.com.cn
网上订购	http://www.hepmall.com.cn
	http://www.hepmall.com
	http://www.hepmall.cn
版　　次	2021年6月第1版
印　　次	2021年6月第1次印刷
定　　价	49.00元

内容简介

　　力学是第一门自然科学学科，它奠定了自然科学的研究范式。拥有了扎实的力学基础，再学习其他学科往往事半功倍；如果力学底子较差，在后续的学习中必处处掣肘。

　　力学的理论是抽象的，这常使初接触这门学科的学生难以理解。我们需要一些应用了力学原理的事物：它是直观的，触手可及；是简单的，一目了然；又是有趣的，兴味盎然。在学习中，去把玩、拆解、揭秘、改装它们，从而在实践中真真切切地掌握抽象的力学理论。

　　玩具和魔术契合上述要求。它们是教具，又高于教具。几乎没有人愿意主动把玩教具，却没有人不喜欢玩具和魔术，它们满足了人们爱玩的天性和好奇心。实践表明，将玩具和魔术穿插于基础力学教学过程中，寓教于乐，起到了良好的教学效果。

　　本书分为玩具和魔术两篇，采用了新形态形式，每篇的每个主题都配有多个二维码，通过微视频介绍其操作过程并明晰其力学机理。